LEÇONS

SUR LA

DÉTERMINATION DES ORBITES.

25983 Paris. — Imprimerie Gauthier-Villars, quai des Grands-Augustins, 55.

LEÇONS

SUR LA

DÉTERMINATION DES ORBITES

PROFESSÉES A LA FACULTÉ DES SCIENCES DE PARIS

PAR

F. TISSERAND,

MEMBRE DE L'INSTITUT ET DU BUREAU DES LONGITUDES;

RÉDIGÉES ET DÉVELOPPÉES POUR LES CALCULS NUMÉRIQUES

PAR J. PERCHOT,

Docteur ès Sciences, Astronome-Adjoint à l'Observatoire.

AVEC UNE PRÉFACE

DE

H. POINCARÉ,

MEMBRE DE L'INSTITUT ET DU BUREAU DES LONGITUDES,
PROFESSEUR A LA FACULTÉ DES SCIENCES.

PARIS,

GAUTHIER-VILLARS, IMPRIMEUR-LIBRAIRE

DU BUREAU DES LONGITUDES, DE L'ÉCOLE POLYTECHNIQUE,

Quai des Grands-Augustins, 55.

1899

PRÉFACE.

Nous devons être reconnaissants à M. Perchot qui nous a conservé les Leçons de Tisserand sur la détermination des Orbites. Les nombreux lecteurs du *Traité de Mécanique céleste* de Tisserand, qui connaissaient la clarté de son exposition et qui appréciaient la simplicité et l'élégance de sa méthode, croyaient sa voix éteinte à jamais. Grâce à M. Perchot, ils auront la joie de l'entendre de nouveau.

Les idées que Tisserand exposait dans les Leçons qu'il professait à la Sorbonne se retrouvent presque toutes dans le grand Traité précédemment publié et qui est maintenant entre les mains de tous les astronomes. Elles n'y sont pas toutes cependant; bien des questions qu'il a traitées dans son Cours ont été laissées de côté dans son Ouvrage. Il faut espérer que M. Perchot et ses autres élèves feront revivre la partie inédite de son Œuvre et sauveront de sa pensée tout ce qu'une mort prématurée permet d'en sauver.

La détermination des orbites des planètes et des comètes, ce problème si important pour l'astronome, n'avait pas été étudiée dans le *Traité de Mécanique céleste*: c'est là le sujet des Leçons recueillies par M. Perchot; le seul Ouvrage écrit en français sur cette question est la traduction du *Traité d'Oppolzer*. Cet utile Volume est consulté tous les jours par les calculateurs; mais il faut reconnaître que la lecture en est difficile et rébarbative.

Les débutants ne seront pas seuls à s'applaudir d'avoir à leur disposition un Traité où ils retrouveront la limpidité française. Grâce à ce Guide, les étudiants avanceront sans fatigue; j'ajoute que ce Guide peut les mener jusqu'au bout, car M. Perchot a fait suivre les Leçons de Tisserand d'un résumé général des formules mises sous leur forme définitive, c'est-à-dire sous une forme propre au calcul et même d'un modèle de calcul où aucun détail n'est omis.

Pour déterminer les six éléments d'une orbite on dispose de trois observations; chacune de ces observations nous fournissant deux données, nous avons six équations pour calculer nos six inconnues.

Géométriquement, il s'agit de déterminer l'orbite d'une planète, sachant que cette planète se trouvait à trois instants donnés sur trois droites données dans l'espace.

Dans le cas où l'orbite de la planète serait dans le plan de l'écliptique, on n'aurait plus que quatre éléments au lieu de six. Mais, d'autre part, chaque observation ne fournirait qu'une seule donnée, la longitude. Il faudrait donc quatre observations pour déterminer l'orbite; ce qui veut dire pratiquement que, si l'inclinaison est faible, il sera plus exact d'employer une quatrième observation de longitude que de se servir des trois observations de latitude. N'insistons pas sur ce point et revenons au cas général.

Comme le nombre des équations est le même que celui des inconnues le problème est théoriquement possible, mais les ressources actuelles de l'Analyse ne permettent pas de le résoudre en toute rigueur et dans toute sa généralité.

Il y a cependant un cas où une solution complète serait possible, c'est celui des orbites paraboliques. Pour la plupart des comètes on peut admettre, en première approximation, que leur trajectoire est une parabole. Mais une orbite parabolique ne dépend plus que de cinq éléments au lieu de six et, comme nous avons toujours nos six équations, nous avons une équation surabondante. De plus, dans ce cas, nos six équations peuvent être mises sous la forme algébrique.

Cette double circonstance suffit pour rendre le problème résoluble.

Nous avons en effet six relations algébriques entre cinq inconnues et un certain nombre de données. En éliminant quatre des inconnues, on aura deux équations algébriques entre une seule inconnue et les données. Les premiers membres de ces deux équations seront deux polynomes entiers par rapport à l'inconnue. Cherchons le plus grand commun diviseur de ces deux polynomes et arrêtons l'opération quand nous arriverons à un reste qui sera un polynome du premier degré. En égalant ce reste à zéro, nous aurons l'inconnue en fonction rationnelle des données.

En résumé, nous aurons les éléments de l'orbite parabolique sous la forme de fonctions rationnelles des époques des trois observations, ainsi que des cosinus et des sinus des trois ascensions droites et des trois déclinaisons observées.

Nul doute d'ailleurs qu'un algébriste habile ne puisse arriver à ce résultat beaucoup plus rapidement que par l'application brutale de la méthode que je viens d'esquisser.

Une pareille méthode éviterait l'emploi des approximations successives; elle permettrait d'utiliser non seulement trois observations distantes de peu de jours, mais trois observations quelconques.

Il n'y a aucune raison pour qu'elle soit illusoire, ou moins exacte que les méthodes ordinaires. Serait-elle plus rapide et plus commode pour les calculs numériques? C'est une question sur laquelle il convient de faire des réserves jusqu'à ce que l'on ait entièrement développé les formules auxquelles elle conduirait.

On pourrait aussi supposer que l'on dispose de trois observations : les deux premières très voisines l'une de l'autre, la troisième suffisamment éloignée des deux autres. On pourrait ainsi considérer comme connues : 1° l'ascension droite, la déclinaison et leurs dérivées du premier ordre à l'instant t; 2° l'ascension droite et la déclinaison à l'instant t''. Les cinq éléments inconnus nous seraient encore donnés par six équations algébriques. Comme on aurait encore une équation surabondante, on pourrait appliquer le même procédé qui conduirait cette fois à des calculs plus simples.

Aucune méthode de ce genre n'a jamais été employée.

Dans le cas des orbites elliptiques, une pareille solution n'est plus possible. D'une part, en effet, il n'y a plus d'équation surabondante; d'autre part les équations sont transcendantes. Pour avoir des équations surabondantes, il faudrait plus de trois observations; mais, pour pouvoir arriver à une solution analogue à celle dont je viens de montrer la possibilité dans le cas des orbites paraboliques, il faudrait éliminer les transcendantes, et pour cela il faudrait six observations (à moins que se contentant d'une approximation on remplace les fonctions transcendantes par des fonctions algébriques qui en diffèrent fort peu).

En ne faisant pas intervenir les époques des observations et en écrivant que l'ellipse décrite par la planète rencontre six droites données dans l'espace, on obtiendrait six équations de forme algébrique entre les cinq éléments qui définissent la forme et la position de l'ellipse. On se trouverait donc dans les mêmes conditions que pour les orbites paraboliques. Inutile d'ajouter qu'une pareille méthode ne saurait être recommandée à aucun point de vue.

Les méthodes rigoureuses sont donc ou inapplicables, ou inappliquées, et il faut bien recourir à des procédés d'approximations successives. Pour que ces approximations soient possibles, il faut supposer que les trois observations se font à des époques très rapprochées l'une de l'autre. Les intervalles des observations sont alors regardés comme de très petites quantités et c'est par rapport aux puissances de ces intervalles que l'on développe.

Il y a là une nécessité qui nous est imposée par les difficultés analytiques du problème. Si l'on n'avait pas à tenir compte de ces difficultés, il est évident qu'on aurait d'autant plus de garantie d'exactitude que les observations employées seraient plus éloignées les unes des autres; mais, si les intervalles étaient trop grands, les méthodes d'approximations successives seraient inapplicables ou trop pénibles.

La première de ces méthodes est celle de Laplace; aujourd'hui elle n'est plus employée et elle est tombée dans un discrédit peut-être injuste; disons-en quelques mots cependant, pour la comparer avec celle de Gauss et d'Olbers qui sont exposées dans cet Ouvrage.

Avec trois observations, ou en en faisant intervenir un plus grand nombre s'il y a lieu, on calcule par interpolation les valeurs, à un certain instant t, de l'ascension droite α, de la déclinaison δ et de leurs dérivées $\frac{d\alpha}{dt}$, $\frac{d^2\alpha}{dt^2}$, $\frac{d\delta}{dt}$, $\frac{d^2\delta}{dt^2}$.

Ce sont ces six quantités que nous regarderons comme les données de la question. Prenons, d'autre part, pour inconnues la distance ρ de la planète à la Terre et ses deux dérivées $\frac{d\rho}{dt}$, $\frac{d^2\rho}{dt^2}$.

Les trois composantes de l'accélération de la planète seront des fonctions linéaires non homogènes de ρ, $\frac{d\rho}{dt}$, $\frac{d^2\rho}{dt^2}$. Les coefficients de ces fonctions linéaires seront des quantités connues dépendant directement des données. D'autre part, la loi de Newton nous donne ces trois composantes en fonctions des coordonnées de la planète, et ces coordonnées dépendent seulement, d'une part, de ρ, et, d'autre part, de α et de δ qui sont des données. Ainsi, la loi de Newton nous donne les trois composantes en fonctions de ρ. En égalant les deux valeurs de chacune de ces trois composantes, nous obtiendrons un système de trois équations que j'appellerai pour abréger les équations (1) de Laplace.

Comment tirer de ces trois équations les valeurs des inconnues? Nous commencerons par éliminer $\frac{d\rho}{dt}$ et $\frac{d^2\rho}{dt^2}$. Pour cela, projetons l'accélération sur une droite perpendiculaire à la fois au rayon vecteur qui joint la Terre à la planète à l'instant t, et au rayon vecteur infiniment voisin qui joint ces deux astres à l'instant $t + dt$. Égalons les deux expressions de cette projection, nous obtiendrons une équation que j'appellerai l'équation (2) de Laplace. Cette équation est algébrique et elle ne contient d'autre inconnue que ρ.

Quand on en aura tiré ρ, les équations (1) ne contiendront plus les inconnues restantes $\frac{d\rho}{dt}$ et $\frac{d^2\rho}{dt^2}$ que sous la forme linéaire. Le calcul de ces deux inconnues se ramènera donc à la résolution d'équations du premier degré.

Telle est la méthode de Laplace, dont l'avantage est de tenir compte, non seulement de trois observations, mais de toutes celles dont on dispose.

Passons à la méthode de Gauss qui est exposée dans le Chapitre II de cet Ouvrage; elle est fondée sur la considération des trois triangles formés par le Soleil et les trois positions de la planète et dont les aires sont désignées (page 12) par

$$\frac{1}{2}[r, r'], \qquad \frac{1}{2}[r', r''], \qquad \frac{1}{2}[r, r''].$$

Ces aires peuvent être développées suivant les puissances des intervalles des observations, ou des petites quantités θ, θ', θ'' que l'on définit page 13 et qui sont proportionnelles à ces intervalles.

En première approximation, ces triangles se confondront avec les secteurs correspondants; ils seront donc proportionnels à θ'', θ et $\theta' = \theta + \theta''$.

L'erreur commise est donc égale au segment compris entre un petit arc d'ellipse et sa corde; elle est donc du troisième ordre.

On verrait aisément que ce segment est sensiblement au secteur correspondant comme l'accélération (qui est toujours dirigée vers le Soleil), multipliée par le carré de l'intervalle correspondant, est à six fois le rayon vecteur. Après cette correction l'erreur n'est plus que du quatrième ordre. C'est ainsi que s'expliquent les termes en $\frac{\theta^2}{6r'^3}$ dans les formules qui sont à la fin de la page 14. On aurait pu d'ailleurs, avec la même approximation, remplacer dans la première de ces formules par exemple r' par r'', c'est-à-dire qu'on aurait pu introduire, au lieu du rayon vecteur au commencement de l'intervalle, le rayon vecteur final ou un rayon vecteur intermédiaire quelconque. C'est ainsi que le rayon vecteur r', qui figure au dénominateur du second terme dans nos trois formules, est le rayon initial pour la première formule, un rayon intermédiaire pour la seconde, le rayon final pour la troisième.

L'examen de la seconde formule montre que si les observations sont équidistantes le terme en $\frac{dr'}{dt}$ disparait. Cela signifie que si dans le calcul du terme correctif on introduit, au lieu du rayon initial ou final, celui qui correspond au milieu de l'intervalle, l'erreur commise n'est plus que du cinquième ordre. Cela revient, dans la première formule par exemple, à changer r' en $r' + \frac{\theta}{2}\frac{dr'}{\mathrm{K}dt}$. Ainsi s'explique l'introduction du second terme correctif en $\frac{dr'}{dt}$.

Telle est la signification géométrique des formules de la page 14. L'examen de ces formules nous apprend encore un autre fait, utilisé dans la méthode d'Olbers : c'est que si les observations sont équidistantes, le rapport de $[r', r'']$ à $[r, r']$ est égal à celui de θ à θ'' *au troisième ordre près.*

On arrive ensuite à des équations linéaires par rapport aux trois distances de la planète à la Terre, ρ, ρ' et ρ'' : ce sont les équations (1) de la page 45, identiques aux notations près aux équations (1) de la page 17. Ces équations correspondent aux équations (1) de Laplace et peuvent s'y réduire en première approximation. Comme on pourrait ne pas les y reconnaître, il convient d'insister un peu sur ce point.

Comme θ et θ'' sont très petits, nous pourrons développer ρ et ρ'' suivant les puissances de ces quantités et écrire, en nous arrêtant aux termes du second ordre,

$$\rho = \rho' - \frac{d\rho'}{\mathrm{K}dt}\theta + \frac{d^2\rho'}{\mathrm{K}^2dt^2}\frac{\theta^2}{2},$$

$$\rho'' = \rho' + \frac{d\rho'}{\mathrm{K}dt}\theta'' + \frac{d^2\rho'}{\mathrm{K}^2dt^2}\frac{\theta''^2}{2}.$$

Développons de même α', β', α'', β'' et leurs lignes trigonométriques, en nous arrêtant toujours au second ordre. Remplaçons $[r, r'']$, etc. par leurs développements de la page 14 en conservant les deux premiers termes.

Substituons dans les équations (1) : les termes du premier et du second ordre disparaîtront d'eux-mêmes ; nous négligerons ceux qui sont du quatrième ordre ou d'ordre supérieur. Quant aux termes du troisième ordre, ils contiendront en facteur le produit $\theta\theta'\theta''$; si l'on supprime ce facteur, on retombera aux notations près sur les équations de Laplace.

Nos équations (1), analogues à celles de Laplace, se traiteront de la même manière; on les combinera de façon à éliminer ρ et ρ''. Quel est le sens géométrique de cette opération? La première des équations (1) est la traduction de l'équation de la page 17 :

$$[r', r'']x - [r, r'']x' + [r, r']x'' = 0.$$

La même équation a lieu évidemment entre les coordonnées y ou z, ou encore entre les projections des rayons vecteurs r, r', r'' sur une droite quelconque. Choisissons cette droite.

Soient :

S le Soleil;
P, P′, P″ les trois positions de la planète;
T, T′, T″ celles de la Terre;
D une droite perpendiculaire à la fois à PT et à P″T″.

Si nous projetons sur D, les deux distances ρ et ρ'' se trouveront éliminées, et nous tomberons sur l'équation (2) de la page 16 dont le sens géométrique se trouve ainsi défini.

On voit ainsi que K, A, B, C sont entre eux comme le cosinus de l'angle de P′T′ avec D, et les projections sur D des trois rayons vecteurs SP, SP″ et SP′.

Cette équation (2) correspond à l'équation (2) de Laplace. En première approximation, il y a identité entre les deux équations. Toutes deux sont linéaires en ρ' et $\frac{1}{r'^3}$ [*voir* les équations (24), page 51, et (26), page 53]; les coefficients sont à peu près les mêmes; la différence provient de ce que la droite D est perpendiculaire aux deux vecteurs PT et P″T″ qui sont très voisins, mais non infiniment voisins. Dans la méthode de Laplace, au contraire, on projette sur la perpendiculaire commune à deux vecteurs infiniment voisins.

Mais, et c'est là l'avantage de la méthode de Gauss, la même équation peut servir dans les approximations suivantes. Dans l'équation (26), les coefficients K, A, B, C, d'après leur définition même, restent les mêmes à toutes les approximations; il n'y a à changer que le coefficient Q, et le changement est d'ailleurs très faible, de sorte que, connaissant la solution de l'équation approchée, on en déduit, par un calcul rapide, celle de l'équation exacte.

Ayant calculé ρ', on obtiendra ρ et ρ'' par des équations linéaires; de même que, dans la méthode de Laplace, le calcul de $\frac{d\rho}{dt}$ et $\frac{d^2\rho}{dt^2}$, après la détermination de ρ, se ramène à la résolution de deux équations du premier degré.

Ainsi, et c'est là le point que je voulais faire comprendre, la méthode de Gauss en première approximation ne diffère que par la forme de celle de Laplace; l'avantage qu'elle présente c'est qu'il suffit d'un petit changement dans les équations pour passer aux approximations suivantes.

Il est clair qu'il ne serait pas difficile de conférer à la méthode de Laplace un avantage analogue; on pourrait écrire par exemple, en appelant α, α', α'' les trois longitudes, β, β', β'' les trois latitudes et en s'arrêtant au troisième ordre,

$$\alpha = \alpha' - \theta \frac{d\alpha'}{K dt} + \frac{\theta^2}{2} \frac{d^2\alpha'}{K^2 dt^2} - \frac{\theta^3}{6} \frac{d^3\alpha'}{K^3 dt^3},$$

avec des équations analogues pour α'', β, β''. On trouverait d'ailleurs aisément l'expression de $\frac{d^3\alpha'}{dt^3}$ en fonction de α', β', ρ', $\frac{d\alpha'}{dt}$, $\frac{d\beta'}{dt}$, $\frac{d\rho'}{dt}$. En première approximation on ferait

$$\frac{d^3\alpha'}{dt^3} = 0,$$

et l'on aurait de premières valeurs approchées de $\frac{d\alpha'}{dt}$, $\frac{d^2\alpha'}{dt^2}$ dont on se servirait pour le calcul. Dans l'expression de $\frac{d^3\alpha'}{dt^3}$, on remplacerait ensuite α', β', ρ', $\frac{d\alpha'}{dt}$, $\frac{d\beta'}{dt}$, $\frac{d\rho'}{dt}$ par leurs valeurs déduites de cette première approximation, et l'on aurait de nouvelles valeurs approchées de $\frac{d\alpha'}{dt}$, $\frac{d^2\alpha'}{dt^2}$, et ainsi de suite.

C'est au reste ce qu'a exposé Laplace au Livre II, n° 32, de sa *Mécanique céleste*. On peut donc se demander si, même à ce point de vue, les deux méthodes ne sont pas équivalentes.

Dans le Chapitre Ier, Tisserand étudie la méthode d'Olbers pour la détermination des orbites paraboliques. Les calculs, d'après cette méthode, se divisent en deux parties.

Dans la première partie, on ne se sert pas de l'hypothèse que l'orbite est une parabole, et l'on combine les six équations données par les trois observations de façon à en tirer une équation unique.

Dans la seconde partie, on introduit l'hypothèse de l'orbite parabolique; on n'a donc plus que cinq inconnues, et, si l'on ne veut pas d'équation surabondante, il faut seulement cinq équations. On prendra les quatre équations données par les observations extrêmes et l'on y joindra l'équation finale obtenue dans la première partie.

Il est clair que, dans la première partie, on pourrait combiner d'une infinité de manières les six équations dont on dispose et en tirer une infinité d'équations différentes, et l'on ne voit pas bien du premier coup d'œil pour quelle raison on choisira l'une plutôt que l'autre.

Quoi qu'il en soit, voici ce que fait Olbers. Reprenons les équations (1) des pages 17 et 45. Elles expriment, nous l'avons dit, que les projections sur une droite quelconque des trois vecteurs SP, SP′, SP″, multipliées respectivement par $[r', r'']$, $-[r, r'']$, $[r, r']$, ont pour somme zéro. Projetons sur une droite perpendiculaire au plan SP′T′; les projections des trois vecteurs SP′, ST′, P′T′ seront nulles et ces trois vecteurs se trouveront éliminés.

Les projections de SP″ et de SP sont entre elles comme les triangles SP″P′, SPP′. Or le rapport de ces triangles est égal au rapport des secteurs, c'est-à-dire à $\frac{\theta''}{\theta}$ au second ordre près; il est encore égal à $\frac{\vartheta''}{\vartheta}$ au troisième ordre près, si les observations sont équidistantes.

Pour la même raison, le rapport des triangles ST″T′, STT′, c'est-à-dire le rapport des projections de ST″ et de ST, sera encore égal à $\frac{\vartheta''}{\vartheta}$.

Or, si l'on a

$$\frac{\text{proj. ST}''}{\text{proj. ST}} = \frac{\text{proj. SP}''}{\text{proj. SP}} = \frac{\vartheta''}{\vartheta},$$

on aura également

$$\frac{\text{proj. P}''\text{T}''}{\text{proj. PT}} = \frac{\text{proj. ST}'' - \text{proj. SP}''}{\text{proj. ST} - \text{proj. SP}} = \frac{\vartheta''}{\vartheta}.$$

Connaissant le rapport des projections de P″T″ et PT, il est aisé d'en déduire le rapport de ces deux vecteurs eux-mêmes et, par conséquent, le rapport de ρ'' à ρ.

Tel est le sens géométrique de l'analyse du n° 7, pages 16 et suivantes.

Il est aisé maintenant de comprendre la raison du choix fait par Olbers. L'équation à laquelle il parvient est d'une forme remarquablement simple, et elle conserve cette simplicité en deuxième approximation dans le cas où les observations sont équidistantes.

Passons à la seconde partie du calcul. Nous avons à résoudre quatre équations à quatre inconnues. Ces équations sont algébriques, mais leur résolution rigoureuse est impossible, et il faut procéder à des approximations successives. Pour que ces approximations soient rapides, il faut que la valeur dont on fait usage dans le premier tâtonnement soit déjà suffisamment approchée.

La méthode qui consiste à faire d'abord $\rho = 1$ (*voir* la fin de la page 24) n'est donc pas justifiée : il vaut mieux profiter de ce que les observations sont très rapprochées et faire d'abord $s = 0$; c'est là le sens de la méthode d'approximation exposée aux paragraphes 9 et 10. Il est aisé de voir en effet que, si les deux observations sont infiniment rapprochées, s et θ' sont nuls et que l'on a $\eta = 0$, $\mu = 1$.

L'avantage de la méthode d'Olbers, c'est que la seule des équations qui pourrait engendrer des difficultés de calcul ne contient d'autre lettre que μ et η.

Elle a donc pu être réduite en Tables à simple entrée qui donnent immédiatement la valeur d'une de ces deux inconnues en fonction de l'autre.

H. POINCARÉ.

ERRATA.

Pages.	Lignes.	*Au lieu de :*	*Lisez :*
13	1 de la Note	voisine du ☉	voisine du Soleil
19	5 en remontant	$\frac{h_1}{T}$	$\frac{h_1}{50}$
24	2 en remontant	de la suivante	de la façon suivante
50	3 en remontant	n et n	n et n''
55	1, formules (29)	$[r', r'']$ $[r, r'']$ $[r, r']$	$[r'_0, r''_0]$ $[r_0, r''_0]$ $[r_0, r'_0]$
61	9	CC',	C, C'
75	9	($S = 497^s.8$)	($s = 497^s,8$)

LEÇONS

SUR LA

DÉTERMINATION DES ORBITES.

CHAPITRE I.

MÉTHODE D'OLBERS POUR LA DÉTERMINATION DE L'ORBITE D'UNE COMÈTE.

1. **Formules du mouvement elliptique.** — Cherchons d'abord les équations différentielles du mouvement d'une planète ou d'une comète autour du Soleil.

Soient $O\xi$, $O\eta$, $O\zeta$ un système d'axes rectangulaires fixes; X, Y, Z les coordonnées du centre de gravité du Soleil; M, sa masse; ξ, η, ζ, m les quantités analogues pour un astéroïde, et enfin r la distance des deux points. L'intensité de l'attraction mutuelle des deux corps est $f\frac{\mathrm{M}m}{r^2}$.

Les équations de leurs mouvements sont

$$\frac{d^2\mathrm{X}}{dt^2} = \frac{fm}{r^2}\,\frac{\xi - \mathrm{X}}{r}, \qquad \frac{d^2\mathrm{Y}}{dt^2} = \frac{fm}{r^2}\,\frac{\eta - \mathrm{Y}}{r}, \qquad \frac{d^2\mathrm{Z}}{dt^2} = \frac{fm}{r^2}\,\frac{\zeta - \mathrm{Z}}{r},$$

$$\frac{d^2\xi}{dt^2} = \frac{f\mathrm{M}}{r^2}\,\frac{\mathrm{X} - \xi}{r}, \qquad \frac{d^2\eta}{dt^2} = \frac{f\mathrm{M}}{r^2}\,\frac{\mathrm{Y} - \eta}{r}, \qquad \frac{d^2\zeta}{dt^2} = \frac{f\mathrm{M}}{r^2}\,\frac{\mathrm{Z} - \zeta}{r}.$$

Soient x, y, z les coordonnées de l'astéroïde par rapport à des axes parallèles aux axes fixes, mais passant par le centre de gravité du Soleil. En retranchant les équations précédentes, on obtiendra les équations du mouvement relatif de la planète ou de la comète autour du Soleil,

$$\frac{d^2x}{dt^2} + f(\mathrm{M}+m)\frac{x}{r^3} = 0, \qquad \frac{d^2y}{dt^2} + f(\mathrm{M}+m)\frac{y}{r^3} = 0, \qquad \frac{d^2z}{dt^2} + f(\mathrm{M}+m)\frac{z}{r^3} = 0.$$

$$r^2 = x^2 + y^2 + z^2.$$

Elles admettent les intégrales

$$
(\mathrm{A}) \quad \left\{
\begin{aligned}
& y\frac{dz}{dt} - z\frac{dy}{dt} = \mathrm{C}, \\
& z\frac{dx}{dt} - x\frac{dz}{dt} = \mathrm{C}', \\
& x\frac{dy}{dt} - y\frac{dx}{dt} = \mathrm{C}'',
\end{aligned}
\right.
$$

$$
(\mathrm{B}) \quad \left(\frac{dx}{dt}\right)^2 + \left(\frac{dy}{dt}\right)^2 + \left(\frac{dz}{dt}\right)^2 = f(\mathrm{M}+m)\left(\frac{2}{r} - \frac{1}{\lambda}\right).
$$

Des intégrales (A) on déduit

$$
\mathrm{C}x + \mathrm{C}'y + \mathrm{C}''z = 0,
$$

ce qui montre que l'orbite est plane et que son plan passe par le Soleil; en le prenant pour plan de coordonnées xOy, z est nul ainsi que $\frac{dz}{dt}$ et les équations du mouvement se réduisent à

$$
\frac{d^2x}{dt^2} + f\mu\frac{x}{r^3} = 0, \qquad \frac{d^2y}{dt^2} + f\mu\frac{y}{r^3} = 0, \qquad \mu = \mathrm{M} + m.
$$

Elles admettent les intégrales

$$
(\mathrm{B}') \quad
\begin{aligned}
& x\frac{dy}{dt} - y\frac{dx}{dt} = \mathrm{C}, \\
& \frac{dx^2 + dy^2}{dt^2} = f\mu\left(\frac{2}{r} - \frac{1}{\lambda}\right).
\end{aligned}
$$

Le premier membre de la dernière équation représente le carré de la vitesse à l'époque t. On a

$$
\mathrm{V}^2 = f\mu\left(\frac{2}{r} - \frac{1}{\lambda}\right).
$$

Avec les coordonnées polaires r et v les intégrales précédentes s'écrivent

$$
(1) \quad \left\{
\begin{aligned}
& r^2\frac{dv}{dt} = c, \\
& \frac{dr^2 + r^2\,dv^2}{dt^2} = f\mu\left(\frac{2}{r} - \frac{1}{\lambda}\right).
\end{aligned}
\right.
$$

Soit S l'aire décrite par le rayon vecteur dans le temps $t - t_0$, on a

$$
d\mathrm{S} = \frac{1}{2}r^2\frac{dv}{dt} = \frac{c}{2},
$$

d'où

$$S = \frac{c}{2}(t - t_0).$$

On retrouve la première loi de Képler, c représente le double de l'aire décrite dans l'unité de temps.

L'équation de la trajectoire s'obtient en éliminant dt entre les équations (1).

En intégrant ensuite et en désignant par ϖ une constante arbitraire, on trouve

$$(2) \qquad r = \frac{\dfrac{c^2}{f\mu}}{1 + \sqrt{1 - \dfrac{c^2}{f\mu a}}\cos(v - \varpi)}.$$

On voit que c'est une section conique dont un foyer est au centre de gravité du Soleil.

Dans le cas des planètes, les constantes sont telles que cette courbe est une ellipse, tandis que, pour les comètes, c'est une ellipse très allongée ou une parabole.

On retrouve ainsi la deuxième loi de Képler.

Considérons d'abord le cas d'une ellipse.

Soient a le demi grand axe, p le paramètre, e l'excentricité de l'orbite, A le périhélie, w l'anomalie vraie, T le temps que met la planète à parcourir sa trajectoire, n le moyen mouvement. On sait que

$$(3) \qquad r = \frac{p}{1 + e\cos w}$$

et que l'aire totale est $\pi a^2(1 - e^2)$.

En comparant ces formules à (B') et à (2), on voit que

$$\varpi = v - w, \qquad \lambda = a, \qquad c = \sqrt{f\mu p} = \sqrt{f\mu a(1 - e^2)},$$

et, par suite,

$$(4) \qquad V^2 = f\mu\left(\frac{2}{r} - \frac{1}{a}\right), \qquad \frac{c}{2} = \frac{\pi a^2\sqrt{1 - e^2}}{T}.$$

En remplaçant c par sa valeur $\sqrt{f\mu a(1 - e^2)}$, la dernière relation devient

$$(5) \qquad \frac{4\pi^2 a^3}{T^2} = f\mu = fM\left(1 + \frac{m}{M}\right).$$

Pour tous les astéroïdes, le rapport $\frac{m}{M}$ est absolument négligeable, de sorte que l'on a

$$\frac{4\pi^2 a^3}{T^2} = fM = K^2.$$

C'est la troisième loi de Képler.

Le nombre K est appelé la *constante de Gauss*.

En appliquant la formule (5) à la Terre et en prenant, comme unité de temps, le jour solaire moyen, et, comme unité de distance, la distance moyenne de la Terre au Soleil, on trouve que

$$K = \frac{2\pi}{T\sqrt{1+\frac{m}{M}}}.$$

Gauss a donné à T et à $\frac{m}{M}$ les valeurs

$$T = 365,2563835, \qquad \frac{m}{M} = \frac{1}{354710},$$

et il a trouvé

$$K = 0,0172021.$$

Les valeurs précédentes de T et de $\frac{m}{M}$ ne sont pas très exactes. Il semble donc qu'il y ait lieu de modifier cette valeur de K; mais, à cause des inconvénients qu'entraînerait la variabilité de K, on considère cette quantité comme une constante absolue ayant la valeur trouvée par Gauss. Cela revient à prendre, pour unité de distance, la distance moyenne au Soleil d'un corps de masse $\frac{M}{354710}$, qui, avec la loi d'attraction newtonienne, tournerait autour du Soleil en $365^j,2563835$ jours solaires moyens. En désignant par T la durée exacte de rotation de la Terre, par m sa masse, sa distance moyenne au Soleil sera déterminée par la formule

$$a = \left(\frac{KT\sqrt{1+\frac{m}{M}}}{2\pi}\right)^{\frac{2}{3}}.$$

2. Détermination de la position de la planète sur son orbite à une époque quelconque. — Les valeurs de r, w sont données par

$$(6)\quad \begin{cases} r^2\dfrac{dw}{dt} = na^2\sqrt{1-e^2}, \\ r = \dfrac{a(1-e^2)}{1+e\cos w}. \end{cases}$$

En éliminant w on trouve

$$n\,dt = \frac{r}{a}\frac{dr}{\sqrt{a^2e^2-(a-r)^2}}. \tag{7}$$

On est conduit à introduire une variable auxiliaire, l'anomalie excentrique u, définie par l'équation

$$a - r = ae\cos u. \tag{8}$$

En intégrant l'équation (7), on trouve l'équation de Képler

$$u - e\sin u = n(t-\tau) = \zeta; \tag{9}$$

τ représente le temps du passage de la planète à son périhélie, ζ est l'anomalie moyenne.

Les valeurs de r et de w se déduisent de la valeur de u par les formules de l'un des groupes suivants, qui sont faciles à établir :

$$\left\{\begin{aligned} r\sin w &= a\sqrt{1-e^2}\sin u,\\ r\cos w &= a(\cos u - e);\end{aligned}\right. \tag{10}$$

$$\left\{\begin{aligned} \sqrt{r}\sin\frac{w}{2} &= \sqrt{a(1+e)}\sin\frac{u}{2},\\ \sqrt{r}\cos\frac{w}{2} &= \sqrt{a(1-e)}\cos\frac{u}{2};\end{aligned}\right. \tag{11}$$

$$\left\{\begin{aligned} r &= a(1-e\cos u),\\ \operatorname{tang}\frac{w}{2} &= \sqrt{\frac{1+e}{1-e}}\operatorname{tang}\frac{u}{2}.\end{aligned}\right. \tag{12}$$

L'excentricité est souvent remplacée, dans les orbites elliptiques, par un angle φ, moindre que 90°, qu'on appelle *angle d'excentricité*, et qui est défini par l'égalité

$$\sin\varphi = e.$$

Il est aisé de voir ce que deviennent les formules précédentes quand on introduit cet angle au lieu de e.

Les éléments d'une planète étant connus, pour calculer sa position à un instant donné, on exprime en jours solaires moyens le temps t qui s'est écoulé depuis le passage de la planète à son périhélie et l'on calcule l'anomalie moyenne ζ. On en déduit l'anomalie excentrique par l'équation

$$u - e\sin u = \zeta.$$

Si e est petit, ζ est une première valeur approchée de u; plus généralement, soit u_1 une valeur quelconque, peu différente de u, et ζ_1 la valeur correspondante de ζ. En différentiant l'équation de Képler et en remplaçant les différentielles par les accroissements, on obtiendra

$$u_2 - u_1 = \frac{M_2 - M_1}{1 - e\cos u_1}.$$

Cette formule donne une valeur beaucoup plus approchée u_2 de la valeur exacte de u. En l'appliquant successivement deux ou trois fois, on aura une approximation suffisante.

Quand l'excentricité est un peu forte, on emploie le procédé d'Encke pour obtenir une première valeur approchée de u :

On pose

$$x = u - \zeta,$$

l'équation de Képler devient

$$x = e\sin(\zeta + x),$$

$$x = e\sin\zeta\left(1 - \frac{x^2}{2} + \frac{1}{24}x^4 - \dots\right) + e\cos\zeta\left(x - \frac{1}{6}x^3 + \frac{1}{120}x^5 - \dots\right),$$

$$(1 - e\cos\zeta)x = e\sin\zeta\left(1 - \frac{x^2}{2} + \dots\right) + xe\cos\zeta\left(-\frac{1}{6}x^2 + \frac{1}{120}x^4 - \dots\right),$$

et en posant

$$\operatorname{tang} y = \frac{e\sin\zeta}{1 - e\cos\zeta},$$

il vient

$$x = \operatorname{tang} y\left(1 - \frac{1}{2}x^2 + \dots\right) - x\operatorname{tang} y\cot\zeta\left(\frac{1}{6}x^2 - \frac{1}{120}x^4 - \dots\right);$$

$\operatorname{tang} y$ est du premier ordre. En négligeant successivement le deuxième et le quatrième ordres, on a pour x les valeurs approchées

$$x_1 = \operatorname{tang} y, \qquad x_2 = \operatorname{tang} y - \frac{1}{2}\operatorname{tang}^3 y.$$

Or, on sait que

$$\sin y = \operatorname{tang} y - \frac{1}{2}\operatorname{tang}^3 y + \dots,$$

Il y a donc avantage à développer x suivant les puissances de $\sin y = \eta$.

On trouve ainsi

$$x = \eta - \frac{1}{6}\cot u \cdot \eta^3 + \dots.$$

Pour avoir x en secondes d'arc, on doit diviser les coefficients par l'arc de $1''$.

Voici l'ensemble des formules dont on a besoin pour effectuer les calculs :

$$\tan y = \frac{e \sin \zeta}{1 - e \cos \zeta},$$

$$\eta = \tan y \cos y,$$

$$x'' = \alpha\eta - \beta \cot M . \eta^2 + \gamma\eta^3 + \delta \cot M . \eta^4,$$

$$\log \alpha = 5{,}3144251, \qquad \log \beta = 4_n{,}536274,$$

$$\log \gamma = 4{,}53627, \qquad \log \delta = 4{,}2766,$$

$$u_1 = \zeta + x'',$$

$$\zeta_1 = u_1 - \alpha e \sin u_1,$$

$$u_2 = u_1 + \frac{\zeta - \zeta_1}{1 - e \cos u_1}.$$

En général, la valeur de u_1 suffira ; s'il n'en est pas ainsi, on prendra celle de u_2 ; au besoin, on pourrait calculer une valeur u_3 encore plus approchée que u_2.

En général, la valeur de u_1, calculée par les formules précédentes, ne différera de la valeur exacte de u que de quelques secondes d'arc et la valeur de u_2 sera suffisamment approchée.

On obtiendra ensuite les valeurs de r et de w par les formules (10), (11) ou (12).

3. Mouvement parabolique. — Considérons le cas où les constantes initiales sont telles que l'*équation de la trajectoire,* déduite des équations différentielles du mouvement, *est une parabole*.

Nous conservons aux lettres K, p, τ les mêmes significations que dans le mouvement elliptique ; nous désignons encore par A le périhélie, c'est-à-dire le sommet de la parabole, par M la position de la comète au temps t, par r son rayon vecteur et par w l'anomalie vraie.

L'aire du secteur MOA est

$$\frac{c}{2}(t - \tau) \quad \text{ou} \quad \frac{K\sqrt{p}}{2}(t - \tau).$$

On a donc

$$\frac{1}{2}\int_\tau^t r^2 dw = \frac{K}{2}\sqrt{p}(t - \tau).$$

Or l'équation de la parabole est

$$r = \frac{p}{1 + \cos w} = \frac{p}{2\cos^2 \frac{w}{2}},$$

de sorte que l'équation des aires s'écrit

$$\frac{p^2}{4}\int \frac{1}{\cos^4\frac{w}{2}}\,dw = K\sqrt{p}\,(t-\tau),$$

ou

$$\frac{p^2}{2}\int \frac{1}{\cos^2\frac{w}{2}}\,\frac{d\frac{w}{2}}{\cos^2\frac{w}{2}} = K\sqrt{p}\,(t-\tau);$$

et, en intégrant

$$\operatorname{tang}\frac{w}{2} + \frac{1}{3}\operatorname{tang}^3\frac{w}{2} = \frac{2K}{p^{\frac{3}{2}}}(t-\tau).$$

Au lieu du paramètre p, les astronomes introduisent généralement la distance périhélie $q = 2p$.

La valeur de w, à l'époque t, est donnée par l'équation du troisième degré

$$(1)\qquad \operatorname{tang}\frac{w}{2} + \frac{1}{3}\operatorname{tang}^3\frac{w}{2} = \frac{K(t-\tau)}{\sqrt{2}\,q^{\frac{3}{2}}}.$$

Pour $w = 0$, le premier membre est nul.

Pour $w = 180°$, il est infini. Or il croît sans cesse avec w. Donc, pour chaque valeur de t, cette équation n'a qu'une racine.

En posant

$$(2)\qquad M = \frac{\sqrt{2}}{K}\left(\operatorname{tang}\frac{w}{2} + \frac{1}{3}\operatorname{tang}^3\frac{w}{2}\right),$$

on aura

$$(3)\qquad M = \frac{t-\tau}{q^{\frac{3}{2}}}.$$

Pour faciliter la résolution de l'équation (1), on a construit différentes Tables faisant connaître les valeurs de M pour les différentes valeurs de w et réciproquement. Les plus complètes et les plus commodes sont celles d'Oppolzer (*Traité de la détermination des orbites des planètes et des comètes*, Ier Volume, Tables IV).

Les valeurs de w s'y succèdent de 10″ en 10″; chaque page contient 2°. De 0° à 10°, on y trouve les valeurs mêmes de M; de 10° à 176°, elles donnent les valeurs de log M. Pour les valeurs négatives de w, il faut changer le signe de M. L'interpolation est facilitée par de petites Tables de parties proportionnelles placées au bas de chaque page; pour aucune valeur de w il n'est nécessaire de tenir compte des différences secondes.

Pour obtenir la position de la comète à une époque donnée, on calcule M par la formule (3) et l'on cherche dans les Tables la valeur correspondante de w; l'équation de la parabole fait ensuite connaître la valeur de r.

On procède d'une façon inverse pour avoir le temps qui correspond à une position donnée de l'orbite.

Les Tables précédentes ne sont pas commodes pour les valeurs de w voisines de 180°. On sait, en effet, que dans le voisinage de 90° la tangente croît rapidement, de sorte que les différences sont grandes et l'interpolation est pénible.

Pour de grandes anomalies on peut se servir avantageusement d'une formule donnée par Nicolaï (*Astr. Nach.*, n° 79).

L'équation (1) peut s'écrire

$$\frac{2K(t-\tau)}{(2q)^{\frac{3}{2}}} = \frac{1}{3}\operatorname{tang}^3\frac{1}{2}w\left(1+3\cot^2\frac{1}{2}w\right).$$

On pose ensuite

$$x = \cot\frac{1}{2}w, \qquad y = \frac{\sqrt{2q}}{\sqrt[3]{6k(t-\tau)}} \qquad \text{ou} \qquad y = \frac{r\sqrt{q}}{\sqrt[3]{t-\tau}}, \qquad \log r = 0,4792708.$$

En supposant w peu différent de 180°, x est du premier ordre; il en est de même de y. On développe x suivant les puissances croissantes de y et l'on a

$$x = y\left(1+y^2+y^4+\frac{2}{3}y^6+\ldots\right).$$

Au sixième ordre près,

$$x = \frac{y}{1-y^2};$$

de sorte qu'en posant

$$y = \sin z,$$

on aura

$$x = \frac{\sin z}{\cos^2 z}.$$

En résumé, on se servira des formules suivantes :

$$\log r = 0,4792708,$$

$$\sin z = \frac{r\sqrt{q}}{\sqrt[3]{t-\tau}},$$

$$\cot\frac{w}{2} = \frac{\sin z}{\cos^2 z}, \qquad r = \frac{q}{\cot^2\frac{1}{2}w}\left(1+\cot^2\frac{1}{2}w\right).$$

Les calculs précédents sont encore simplifiés avec les Tables V_a et V_b du *Traité des orbites*, d'Oppolzer.

4. Théorème d'Euler. — Soient M et M′ deux points d'une orbite parabolique, r et r' les rayons vecteurs de ces points, t et t' les temps correspondants, $t' > t$, et c la longueur de la corde MM′.

Euler a montré que le temps $t' - t$ mis par la comète pour aller de M en M′ ne dépendait que de $r + r'$ et de c. On a la relation

$$6\mathrm{K}(t' - t) = (r + r' + c)^{\frac{3}{2}} \mp (r + r' - c)^{\frac{3}{2}}.$$

En désignant par w et w' les anomalies des points M et M′, on sait que

$$(1)\qquad \begin{cases} \operatorname{tang}\dfrac{w'}{2} + \dfrac{1}{3}\operatorname{tang}^3\dfrac{w'}{2} = \dfrac{2\mathrm{K}(t' - \tau)}{p^{\frac{3}{2}}}, \\[2ex] \operatorname{tang}\dfrac{w}{2} + \dfrac{1}{3}\operatorname{tang}^3\dfrac{w}{2} = \dfrac{2\mathrm{K}(t - \tau)}{p^{\frac{3}{2}}}. \end{cases}$$

Pour simplifier l'écriture, nous poserons

$$(2)\qquad \operatorname{tang}\frac{w}{2} = z, \qquad \operatorname{tang}\frac{w'}{2} = z'.$$

En retranchant membre à membre les équations (1), nous aurons

$$z' - z + \frac{1}{3}(z'^3 - z^3) = \frac{2\mathrm{K}(t' - t)}{p^{\frac{3}{2}}},$$

ou bien

$$(3)\qquad (z' - z)[3(1 + zz') + (z' - z)^2] = \frac{6\mathrm{K}(t' - t)}{p^{\frac{3}{2}}}.$$

Or, des équations de la parabole, on déduit

$$(4)\qquad r = \frac{p}{2\cos^2\dfrac{w}{2}}, \qquad r' = \frac{p}{2\cos^2\dfrac{w'}{2}},$$

ou encore

$$r = \frac{p}{2}(1 + z^2), \qquad r' = \frac{p}{2}(1 + z'^2).$$

D'autre part, on a

$$c^2 = r^2 + r'^2 - 2rr'\cos(w' - w),$$

ou encore

$$c^2 = (r + r')^2 - 4rr'\cos^2\frac{w' - w}{2},$$

$$2\sqrt{rr'}\cos\frac{w' - w}{2} = \pm\sqrt{(r + r')^2 - c^2}.$$

Il faudra prendre le signe + devant le radical si $\frac{v'-v}{2}$ est moindre que 180°, et le signe — dans le cas contraire.

Dans les premières déterminations des orbites, les différences des temps des observations sont toujours assez petites; c'est donc le signe + qui convient.

En remplaçant dans l'équation précédente r et r' par leurs valeurs (4), on trouve

$$1 + \operatorname{tang}\frac{v}{2}\operatorname{tang}\frac{v'}{2} = \pm\frac{1}{p}\sqrt{(r+r')^2 - c^2},$$

et en posant

$$r + r' + c = u, \qquad r + r' - c = v,$$

il vient

$$1 + zz' = \pm\frac{\sqrt{uv}}{p}, \qquad r + r' = \frac{u+v}{2}.$$

Des formules (4) on déduit encore

$$r + r' = \frac{p}{2}(2 + z^2 + z'^2).$$

Donc

$$z^2 + z'^2 + 2 = \frac{u+v}{p},$$

et, par suite,

$$z^2 + z'^2 + 2 - 2 \mp 2zz' = \frac{u + v \mp 2\sqrt{uv}}{p},$$

$$z' - z = \frac{\sqrt{u} \mp \sqrt{v}}{\sqrt{p}}.$$

En portant ces valeurs de $z' - z$ et de zz' dans (3), il vient

$$\frac{6K(t'-t)}{p^{\frac{3}{2}}} = \frac{\sqrt{u} \mp \sqrt{v}}{\sqrt{p}}\left[\pm\frac{3uv}{p} + \frac{(\sqrt{u} \mp \sqrt{v})^2}{p}\right],$$

ou bien

$$6K(t'-t) = (\sqrt{u} \mp \sqrt{v})(u \pm \sqrt{uv} + v).$$

Avec les signes supérieurs, on a

$$6K(t'-t) = (\sqrt{u} - \sqrt{v})(u + \sqrt{uv} + v) = u^{\frac{3}{2}} - v^{\frac{3}{2}},$$

et, avec les signes inférieurs,

$$6K(t'-t) = (\sqrt{u} + \sqrt{v})(u - \sqrt{uv} + v) = u^{\frac{3}{2}} + v^{\frac{3}{2}}.$$

Donc, en résumé,

$$6K(t'-t) = (r+r'+c)^{\frac{3}{2}} \mp (r+r'-c)^{\frac{3}{2}}.$$

On prend le signe $-$ dans le deuxième membre si $\theta'-\theta<180^\circ$, ce qui est le cas général, et le signe $+$ quand $\theta'-\theta>180^\circ$.

Cette formule a été établie pour la première fois par Euler. Elle est remarquable par sa forme simple et par le fait que le paramètre de la parabole n'y entre pas.

Si la courbe a une courte distance périhélie, $\theta'-\theta$ peut facilement être $>$ que 180°. Il faut employer une autre méthode. (*Voir* Oppolzer, au commencement.)

5. Soient M, M', M'' les positions de l'astre sur son orbite aux temps t, t', t'' $(t<t'<t'')$; r, r', r'' les rayons vecteurs; ξ, η; ξ', η'; ξ'', η'' les coordonnées des trois points M, M', M'' par rapport à un système d'axes rectangulaires passant par le centre du Soleil.

Nous allons exprimer, en fonction du paramètre p, les aires des triangles rectilignes MSM', M'SM'' et MSM''. Nous désignons respectivement les doubles de ces aires par $[r, r']$, $[r', r'']$, $[r, r'']$. On a

$$(1)\qquad \begin{cases} [r, r'] = \xi\eta' - \eta\xi', \\ [r', r''] = \xi'\eta'' - \eta'\xi'', \\ [r, r''] = \xi\eta'' - \eta\xi''. \end{cases}$$

En supposant les intervalles de temps $t''-t'$ et $t'-t$ assez petits, on peut écrire

$$(2)\qquad \begin{cases} \xi'' = \xi' + \dfrac{(t''-t')}{1}\dfrac{d\xi'}{dt} + \dfrac{(t''-t')^2}{1.2}\dfrac{d^2\xi'}{dt^2} + \dfrac{(t''-t')^3}{1.2.3}\dfrac{d^3\xi'}{dt^3} + \dfrac{(t''-t')^4}{1.2.3.4}\dfrac{d^4\xi'}{dt^4} + \ldots, \\ \eta'' = \eta' + \dfrac{(t''-t')}{1}\dfrac{d\eta'}{dt} + \dfrac{(t''-t')^2}{1.2}\dfrac{d^2\eta'}{dt^2} + \dfrac{(t''-t')^3}{1.2.3}\dfrac{d^3\eta'}{dt^3} + \dfrac{(t''-t')^4}{1.2.3.4}\dfrac{d^4\eta'}{dt^4} + \ldots, \\ \xi = \xi' - (t'-t)\dfrac{d\xi'}{dt} + \dfrac{(t'-t)^2}{1.2}\dfrac{d^2\xi'}{dt^2} - \ldots, \\ \eta = \eta' - (t'-t)\dfrac{d\eta'}{dt} + \ldots \end{cases}$$

Or on a

$$\frac{d^2\xi'}{dt^2} = -K^2\frac{\xi'}{r'^3},$$

$$\frac{d^2\eta'}{dt^2} = -K^2\frac{\eta'}{r'^3},$$

On en déduit successivement

$$
(3)\quad \left\{
\begin{aligned}
\frac{d^3\xi'}{dt^3} &= -\frac{\mathrm{k}^2}{r'^3}\frac{d\xi'}{dt} + \frac{3\,\mathrm{k}^2}{r'^4}\xi'\frac{dr'}{dt},\\
\frac{d^4\xi'}{dt^4} &= \frac{\mathrm{k}^4}{r'^6}\xi' + \frac{6\,\mathrm{k}^2}{r'^4}\frac{d\xi'}{dt}\frac{dr'}{dt} + 3\,\mathrm{k}^2\xi'\left(\frac{1}{r'^4}\frac{d^2r'}{dt^2} - \frac{4}{r'^5}\frac{dr'^2}{dt^2}\right),\\
\frac{d^3\eta'}{dt^3} &= -\frac{\mathrm{k}^2}{r'^3}\frac{d\eta'}{dt} + \frac{3\,\mathrm{k}^2}{r'^4}\eta'\frac{dr'}{dt},\\
\frac{d^4\eta'}{dt^4} &= \frac{\mathrm{k}^4}{r'^6}\eta' + \frac{6\,\mathrm{k}^2}{r'^4}\frac{d\eta'}{dt}\frac{dr'}{dt} + 3\,\mathrm{k}^2\eta'\left(\frac{1}{r'^4}\frac{d^2r'}{dt^2} - \frac{4}{r'^5}\frac{dr'^2}{dt^2}\right).
\end{aligned}\right.
$$

En portant ces valeurs des dérivées successives de ξ' et de η' dans les équations (2), on trouvera

$$
\begin{aligned}
\xi'' = \xi'&\left[1 - \frac{\mathrm{k}^2}{2r'^3}(t''-t')^2 + \frac{\mathrm{k}^2}{2r'^4}\frac{dr'}{dt}(t''-t')^3 + \ldots\right]\\
&+ \frac{d\xi'}{dt}\left[t''-t' - \frac{\mathrm{k}^2}{6r'^3}(t''-t')^3 + \frac{\mathrm{k}^2}{4r'^4}(t''-t')^4\frac{dr'}{dt} + \ldots\right].
\end{aligned}
$$

Posons

$$
(4)\quad \left\{
\begin{aligned}
\mathrm{A}'' &= 1 - \frac{\mathrm{k}^2}{2r'^3}(t''-t')^2 + \frac{\mathrm{k}^2}{2r'^4}\frac{dr'}{dt}(t''-t')^3 + \ldots\ (^1),\\
\mathrm{B}'' &= (t''-t')\left[1 - \frac{\mathrm{k}^2}{6r'^3}(t''-t')^2 + \frac{\mathrm{k}^2}{4r'^4}\frac{dr'}{dt}(t''-t')^3 + \ldots\right],\\
\mathrm{A} &= 1 - \frac{\mathrm{k}^2}{2r'^3}(t-t')^2 + \frac{\mathrm{k}^2}{2r'^4}\frac{dr'}{dt}(t-t')^3,\\
\mathrm{B} &= (t-t')\left[1 - \frac{\mathrm{k}^2}{6r'^3}(t-t')^2 + \frac{\mathrm{k}^2}{4r'^4}\frac{dr'}{dt}(t-t')^3 + \ldots\right].
\end{aligned}\right.
$$

On pourra écrire

$$
(4)\quad \left\{
\begin{aligned}
\xi'' &= \mathrm{A}''\xi' + \mathrm{B}''\frac{d\xi'}{dt}, & \xi &= \mathrm{A}\xi' + \mathrm{B}\frac{d\xi'}{dt},\\
\eta'' &= \mathrm{A}''\eta' + \mathrm{B}''\frac{d\eta'}{dt}, & \eta &= \mathrm{A}\eta' + \mathrm{B}\frac{d\eta'}{dt}.
\end{aligned}\right.
$$

Pour simplifier l'écriture, nous posons encore

$$
\theta = \mathrm{k}(t''-t'),\qquad \theta' = \mathrm{k}(t''-t),\qquad \theta'' = \mathrm{k}(t'-t);
$$

ces quantités θ, θ', θ'' sont positives puisque nous avons supposé $t < t' < t''$.

(1) Ces développements n'existeront pas si la comète est voisine du ☉. On détermine alors des données avant que $\frac{1}{r}$ soit assez grand pour que les développements soient divergents. Ce cas présente de grandes difficultés.

Les expressions de A, B, A'', B'' s'écrivent

$$
(5)\quad \left\{
\begin{aligned}
A'' &= 1 - \frac{\theta^2}{2r'^3} + \frac{\theta^3}{2r'^4}\frac{dr'}{K\,dt} + \ldots,\\
B'' &= \frac{\theta}{K}\left(1 - \frac{\theta^2}{6r'^3} + \frac{\theta^3}{4r'^4}\frac{dr'}{K\,dt} + \ldots\right),\\
A &= 1 - \frac{\theta''^2}{2r'^3} - \frac{\theta''^3}{2r'^4}\frac{dr'}{K\,dt} + \ldots,\\
B &= -\frac{\theta''}{K}\left(1 - \frac{\theta''^2}{6r'^3} - \frac{\theta''^3}{4r'^4}\frac{dr'}{K\,dt} + \ldots\right),
\end{aligned}
\right.
$$

et, en portant ces valeurs dans les seconds membres des équations (1), on trouve

$$
\begin{aligned}
[r', r''] &= B''\left(\xi'\frac{d\eta'}{dt} - \eta'\frac{d\xi'}{dt}\right) = B''K\sqrt{p},\\
[r, r'] &= -B\left(\xi'\frac{d\eta'}{dt} - \eta'\frac{d\xi'}{dt}\right) = -B\,K\sqrt{p},\\
[r, r''] &= (AB'' - BA'')\left(\xi'\frac{d\eta'}{dt} - \eta'\frac{d\xi'}{dt}\right) = (AB'' - BA'')\,K\sqrt{p}.
\end{aligned}
$$

Or des formules (3) on tire

$$
\begin{aligned}
K(AB'' - BA'') &= \theta - \frac{\theta\theta''^2}{2r'^3} - \frac{\theta\theta''^3}{2r'^4}\frac{dr'}{K\,dt} - \frac{\theta^3}{6r'^3} + \frac{\theta^4}{4r'^4}\frac{dr'}{K\,dt} - \ldots\\
&\quad - \left(-\theta'' + \frac{\theta''\theta^2}{2r'^3} + \frac{\theta''\theta^3}{2r'^4}\frac{dr'}{K\,dt} + \frac{\theta''^3}{6r'^3} - \frac{\theta''^4}{4r'^4}\frac{dr'}{K\,dt}\ldots\right)\\
&= \theta + \theta'' - \frac{1}{6r'^3}(\theta^3 + 3\theta^2\theta'' + 3\theta\theta''^2 + \theta''^3)\\
&\quad + [\theta^4 - \theta''^4 + 2\theta\theta''(\theta^2 - \theta''^2)]\frac{1}{4r'^4}\frac{dr'}{K\,dt} + \ldots.
\end{aligned}
$$

Des valeurs de θ, θ', θ'' il résulte que

$$\theta + \theta'' = \theta',$$

de sorte que

$$K(AB'' - BA'') = \theta'\left[1 - \frac{\theta'^2}{6r'^3} + \frac{\theta'^2(\theta - \theta'')}{4r'^4}\frac{dr'}{K\,dt} + \ldots\right].$$

On a donc, en considérant les intervalles de temps $t' - t$, $t'' - t'$, $t'' - t$ comme des quantités du premier ordre et en négligeant les termes d'ordre supérieur au quatrième,

$$
(6)\quad \left\{
\begin{aligned}
[r', r''] &= \theta\sqrt{p}\left[1 - \frac{\theta^2}{6r'^3} + \frac{\theta^3}{4r'^4}\frac{dr'}{K\,dt}\right],\\
[r, r''] &= \theta'\sqrt{p}\left[1 - \frac{\theta'^2}{6r'^3} + \frac{\theta'^2(\theta - \theta'')}{4r'^4}\frac{dr'}{K\,dt}\right],\\
[r, r'] &= \theta''\sqrt{p}\left[1 - \frac{\theta''^2}{6r'^3} - \frac{\theta''^3}{4r'^4}\frac{dr'}{K\,dt}\right].
\end{aligned}
\right.
$$

6. **Expression de l'aire du triangle rectiligne formé par les trois positions de l'astre.** — Nous désignerons par Σ le double de cette aire; nous aurons

$$\Sigma = [r, r'] + [r', r''] - [r, r''].$$

En remplaçant dans les seconds membres les crochets par leurs valeurs données par les formules (6), on trouve

$$\frac{\Sigma}{\sqrt{p}} = \frac{\theta'^3 - \theta^3 - \theta''^3}{6r'^3} + \frac{\theta^4 - \theta''^4 - \theta'^3(\theta - \theta'')}{4r'^4}\frac{dr'}{k\,dt}$$

ou encore

$$\Sigma = \sqrt{p}\,\frac{\theta\theta'\theta''}{2r'^3}\left[1 + \frac{\theta'' - \theta}{r'}\frac{dr'}{k\,dt} \cdots\right]. \tag{7}$$

6'. **Expression du rapport des segments déterminés par la droite SP' sur la droite PP''.** — Les aires des deux triangles de même base SPP' et SP'P'' sont

Fig. 1.

dans le même rapport que les hauteurs correspondantes ou que PI et P''I. Donc

$$\frac{\mathrm{PI}}{\mathrm{P''I}} = \frac{[r, r']}{[r', r'']}.$$

On en déduit, par les formules (6),

$$\frac{\mathrm{PI}}{\mathrm{P''I}} = \frac{\theta''}{\theta}\left[1 - \frac{\theta''^2}{6r'^3} - \frac{\theta''^3}{4r'^4}\frac{dr'}{k\,dt}\right]\Bigg/\left[1 - \frac{\theta^2}{6r'^3} + \frac{\theta^3}{4r'^4}\frac{dr'}{k\,dt}\right]$$

$$= \frac{\theta''}{\theta}\left[1 + \frac{\theta'(\theta - \theta'')}{6r'^3} + \frac{\theta^3 + \theta''^3}{4r'^4}\frac{dr'}{k\,dt}\right].$$

Aux termes du deuxième ordre près, dans le cas général, et du troisième ordre, quand les observations sont faites à des intervalles de temps égaux, on a

$$\frac{\mathrm{PI}}{\mathrm{P''I}} = \frac{\theta''}{\theta} = \frac{t'' - t'}{t' - t}. \tag{8}$$

6°. Calcul de la flèche P'I. — Les aires des deux triangles PP'P'' et SPP'' sont dans le même rapport que les longueurs P'I et SI. Donc

$$\frac{\mathrm{P'I}}{\mathrm{SI}} = \frac{\Sigma}{[r, r'']}.$$

En remplaçant Σ et $[r, r'']$ par leurs valeurs données par les formules (6) et (7), on a

$$\frac{\mathrm{P'I}}{\mathrm{SI}} = \frac{\theta\theta''}{2r'^3}\left(1 + \frac{\theta''-\theta}{r'}\,\frac{dr'}{\mathrm{K}\,dt}\right).$$

Or

$$\mathrm{SI} = \mathrm{SP'}\left(1 - \frac{\mathrm{P'I}}{\mathrm{SP'}}\right) = r'\left(1 - \frac{\mathrm{P'I}}{r'}\right);$$

de sorte qu'en négligeant le quatrième ordre on a

$$\mathrm{P'I} = \frac{\theta\theta''}{2r'^2}\left(1 + \frac{\theta''-\theta}{r'}\,\frac{dr'}{\mathrm{K}\,dt}\right).$$

D'autre part,

$$r'' = r' + \frac{t''-t'}{1}\,\frac{dr'}{dt} + \ldots,$$

$$r = r' - \frac{t'-t}{1}\,\frac{dr'}{dt}.$$

On peut donc écrire, au quatrième ordre près, dans le cas général,

$$\mathrm{P'I} = \frac{\theta\theta''}{2r'^2}\left(1 + \frac{r + r'' - 2r'}{r'}\right).$$

Quand les observations sont équidistantes, la formule précédente devient

$$\mathrm{P'I} = \frac{\theta\theta''}{2r'^2}. \tag{9}$$

7. Résolution d'un problème fondamental dans la méthode d'Olbers. — Considérons trois observations d'une planète ou d'une comète faites aux temps t, t', t''.

Soient α, α', α'' les longitudes géométriques; δ, δ', δ'' les latitudes géocentriques; ρ, ρ', ρ'' les projections sur le plan de l'écliptique des distances de la planète à la Terre; ces quantités sont appelées les *distances accourcies* de la planète à la Terre; soient encore Θ, Θ', Θ'' les longitudes du Soleil; R, R', R'' ses distances à la Terre aux temps t, t', t''.

Nous nous proposons de calculer le rapport $\frac{\rho''}{\rho}$.

Soient x, y, z; x', y', z'; x'', y'', z'' les coordonnées rectangulaires héliocentriques de la comète aux moments des trois observations, le plan des xy étant le plan de l'écliptique.

L'équation du plan de l'orbite est

$$AX + BY + CZ = 0,$$

et l'on a

$$Ax + By + Cz = 0, \qquad Ax' + By' + Cz' = 0, \qquad Ax'' + By'' + Cz'' = 0.$$

En éliminant $\frac{A}{C}$ et $\frac{B}{C}$ entre les quatre équations précédentes, on trouve

$$x(y'z'' - z'y'') - x'(yz'' - zy'') + x''(yz' - zy') = 0.$$

Les quantités entre parenthèses $y'z'' - z'y''$, $yz'' - zy''$, $yz' - zy'$ représentent les projections sur le plan des yz des aires des trois triangles formés par le Soleil et deux des positions de la comète.

On obtiendrait de la même façon deux autres équations analogues.

En remplaçant les projections des aires par les aires elles-mêmes, ce qui est possible à cause de la forme des équations, on aura

$$\begin{aligned}
[r', r'']x - [r, r'']x' + [r, r']x'' &= 0,\\
[r', r'']y - [r, r'']y' + [r, r']y'' &= 0,\\
[r', r'']z - [r, r'']z' + [r, r']z'' &= 0.
\end{aligned}$$

D'autre part, les projections sur chacun des axes de coordonnées du triangle formé, à l'époque de chaque observation, par le centre de gravité du Soleil, celui de la Terre et la planète ou la comète, conduisent aux relations suivantes :

$$\left|\begin{aligned} x &= \rho\cos\alpha - R\cos\Theta,\\ y &= \rho\sin\alpha - R\sin\Theta,\\ z &= \rho\,\mathrm{tang}\,\delta; \end{aligned}\right. \qquad \left|\begin{aligned} x' &= \rho'\cos\alpha' - R'\cos\Theta',\\ y' &= \rho'\sin\alpha' - R'\sin\Theta',\\ z' &= \rho'\,\mathrm{tang}\,\delta'; \end{aligned}\right. \qquad \begin{aligned} x'' &= \rho''\cos\alpha'' - R''\cos\Theta'',\\ y'' &= \rho''\sin\alpha'' - R''\sin\Theta'',\\ z'' &= \rho''\,\mathrm{tang}\,\delta''. \end{aligned}$$

On peut donc écrire :

$$(1)\quad \left\{\begin{aligned}
&[r'r''](\rho\cos\alpha - R\cos\Theta) - [rr''](\rho'\cos\alpha' - R'\cos\Theta') + [rr'](\rho''\cos\alpha'' - R''\cos\Theta'') = 0,\\
&[r'r''](\rho\sin\alpha - R\sin\Theta) - [rr''](\rho'\sin\alpha' - R'\sin\Theta') + [rr'](\rho''\sin\alpha'' - R''\sin\Theta'') = 0,\\
&[r'r'']\rho\,\mathrm{tang}\,\delta - [rr'']\rho'\,\mathrm{tang}\,\delta' + [rr']\rho''\,\mathrm{tang}\,\delta'' = 0.
\end{aligned}\right.$$

Ces équations sont fondamentales dans la détermination des orbites des planètes et des comètes.

Pour obtenir le rapport $\frac{\rho''}{\rho}$, nous éliminerons R' et ρ', et, par suite, $[rr'']$.

A cet effet, nous retranchons Θ' de toutes les longitudes. La deuxième et la troisième équation (1) deviennent ainsi

$$(2)\quad \begin{cases} [r'r'']\{\rho\sin(\alpha-\Theta')+R\sin(\Theta'-\Theta)\} \\ \quad +[rr']\{\rho''\sin(\alpha''-\Theta')-R''\sin(\Theta''-\Theta')\}=[rr'']\rho'\sin(\alpha'-\Theta'), \\ [r'r'']\rho\,\text{tang}\,\delta+[rr']\rho''\,\text{tang}\,\delta''=[rr'']\rho'\,\text{tang}\,\delta'; \end{cases}$$

et, en éliminant ρ', on trouve

$$\begin{aligned} &[r'r'']\{\rho[\sin(\alpha-\Theta')\,\text{tang}\,\delta'-\sin(\alpha'-\Theta')\,\text{tang}\,\delta]+R\,\text{tang}\,\delta'\sin(\Theta'-\Theta)\} \\ &+[rr']\{\rho''[\sin(\alpha''-\Theta')\,\text{tang}\,\delta'-\sin(\alpha'-\Theta')\,\text{tang}\,\delta'']-R''\sin(\Theta''-\Theta')\,\text{tang}\,\delta'\}=0, \end{aligned}$$

d'où

$$(3)\quad \begin{cases} \rho''=\rho\dfrac{[r'r'']}{[rr']}\,\dfrac{\text{tang}\,\delta'\sin(\alpha-\Theta')-\text{tang}\,\delta\sin(\alpha'-\Theta')}{\text{tang}\,\delta''\sin(\alpha'-\Theta')-\text{tang}\,\delta'\sin(\alpha''-\Theta')} \\ \qquad +\dfrac{\text{tang}\,\delta'}{[rr']}\,\dfrac{[r'r'']R\sin(\Theta'-\Theta)-[rr']R''\sin(\Theta''-\Theta')}{\text{tang}\,\delta''\sin(\alpha'-\Theta')-\text{tang}\,\delta''\sin(\alpha''-\Theta')}. \end{cases}$$

Or on a

$$[R'R'']=R'R''\sin(\Theta''-\Theta'),\qquad [RR']=RR'\sin(\Theta'-\Theta).$$

La seconde partie du deuxième membre de l'équation (3) peut donc s'écrire

$$\frac{R\,\text{tang}\,\delta'\sin(\Theta'-\Theta)}{\text{tang}\,\delta''\sin(\alpha'-\Theta')-\text{tang}\,\delta'\sin(\alpha''-\Theta')}\left\{\frac{[r'r'']}{[rr']}-\frac{R'R''\sin(\Theta''-\Theta')}{RR'\sin(\Theta'-\Theta)}\right\}.$$

La quantité entre crochets est égale à

$$\frac{[r'r'']}{[rr']}-\frac{[R'R'']}{[RR']}.$$

De sorte qu'en posant

$$(4)\quad \begin{cases} M'=\dfrac{\text{tang}\,\delta'\sin(\alpha-\Theta')-\text{tang}\,\delta\sin(\alpha'-\Theta')}{\text{tang}\,\delta''\sin(\alpha'-\Theta')-\text{tang}\,\delta'\sin(\alpha''-\Theta')}, \\ M''=\dfrac{\text{tang}\,\delta'\sin(\Theta'-\Theta)}{\text{tang}\,\delta''\sin(\alpha'-\Theta')-\text{tang}\,\delta'\sin(\alpha''-\Theta')}, \end{cases}$$

on aura

$$(5)\quad \rho''=\frac{[r'r'']}{[rr']}M'\rho+\left\{\frac{[r'r'']}{[rr']}-\frac{[R'R'']}{[RR']}\right\}M''R.$$

Or on a trouvé

$$[r'r'']=\theta\sqrt{p}\left\{1-\frac{\theta^2}{6r'^3}+\frac{\theta^3}{4r'^4}\frac{dr'}{K\,dt}+\dots\right\},$$

$$[rr']=\theta''\sqrt{p}\left\{1-\frac{\theta''^2}{6r'^3}-\frac{\theta''^3}{4r'^4}\frac{dr'}{K\,dt}-\dots\right\}.$$

On en déduit

$$\frac{[r'r'']}{[rr']} = \frac{\theta}{\theta''}\left\{1 - \frac{\theta^2 - \theta''^2}{6r'^3} + \frac{\theta^3 + \theta''^3}{4r'^5}\,\frac{dr'}{\mathrm{K}\,dt} + \ldots\right\}.$$

On aurait, de même,

$$\frac{[\mathrm{R'R''}]}{[\mathrm{RR'}]} = \frac{\theta}{\theta''}\left\{1 - \frac{\theta^2 - \theta''^2}{6\mathrm{R}'^3} + \frac{\theta^3 + \theta''^3}{4\mathrm{R}'^5}\,\frac{d\mathrm{R}'}{\mathrm{K}\,dt} + \ldots\right\}.$$

En remplaçant, dans les seconds membres, θ, θ'' par leurs valeurs

$$\theta = \mathrm{K}(t'' - t'), \qquad \theta'' = \mathrm{K}(t' - t),$$

on trouve

$$(6)\qquad \left\{\begin{aligned} \rho'' &= \frac{t'' - t'}{t' - t}\,\mathrm{M}'\rho\left\{1 - \frac{\mathrm{K}^2(t'' - t)}{6r'^3}(t'' + t - 2t') + \ldots\right\} \\ &\quad + \frac{t'' - t'}{t' - t}\,\mathrm{M''R}\,\frac{\mathrm{K}^2}{6}\left(\frac{1}{\mathrm{R}'^3} - \frac{1}{r'^3}\right)(t'' - t)(t'' + t - 2t'). \end{aligned}\right.$$

Pour calculer l'expression $\frac{\mathrm{K}^2(t'' - t)}{6r'^3}(t'' + t - 2t')$, nous remarquons qu'en désignant par A le demi grand axe de l'orbite terrestre, par T la durée de l'année sidérale, on a

$$\mathrm{K}^2 = 4\pi^2\frac{\mathrm{A}^3}{\mathrm{T}^2}.$$

En portant cette valeur de K dans l'expression précédente, elle devient

$$\frac{\mathrm{K}^2(t'' - t)}{6r'^3}[t'' - t' - (t' - t)] = \frac{2}{3}\pi^2\,\frac{t'' - t}{\mathrm{T}}\left(\frac{t'' - t'}{\mathrm{T}} - \frac{t' - t}{\mathrm{T}}\right).$$

Supposons, par exemple,

$$\frac{t'' - t}{\mathrm{T}} = \frac{1}{50}, \qquad t'' - t = 7 \text{ jours environ},$$

et posons

$$\frac{t'' - t'}{\mathrm{T}} = \frac{h}{50}, \qquad \frac{t' - t}{\mathrm{T}} = \frac{h_1}{\mathrm{T}}, \qquad 0 < h < 1, \qquad 0 < h_1 < 1, \qquad h + h_1 = 1,$$

on aura

$$1 - \mathrm{K}^2\frac{t'' - t}{6r'^3}(t'' + t - 2t') = 1 - \frac{4\pi^2}{6}\left(\frac{\mathrm{R}'}{r'}\right)^3\frac{h - h_1}{(50)^2} = 1 - \frac{1}{375}\left(\frac{\mathrm{R}'}{r'}\right)^3(h - h_1).$$

Si r' n'est pas trop petit, on aura une bonne approximation en prenant

$$\rho'' = \frac{t'' - t'}{t' - t}\,\mathrm{M}'\rho.$$

En définitive, si l'on néglige le deuxième ordre et si l'on pose

$$(7)\qquad M = \frac{t''-t'}{t'-t}\,\frac{\operatorname{tang}\delta'\sin(\alpha-\Theta')-\operatorname{tang}\delta\sin(\alpha'-\Theta')}{\operatorname{tang}\delta''\sin(\alpha'-\Theta')-\operatorname{tang}\delta'\sin(\alpha''-\Theta')},$$

on aura

$$\rho'' = M\rho.$$

Les termes négligés sont du troisième ordre quand les observations sont équidistantes, c'est-à-dire quand on a

$$t' = \frac{t+t''}{2}.$$

Remarque. — En se reportant à la formule (5) on voit que les transformations précédentes reviennent à remplacer le rapport des aires $\frac{[r'r'']}{[rr']}$ par le rapport des temps correspondants $\frac{t''-t'}{t'-t}$.

Or les triangles SM'M'' et SMM' peuvent être considérés comme ayant même base SM' ; le rapport de leurs aires est donc égal au rapport des hauteurs ou encore à $\frac{M''I}{MI}$.

Les simplifications précédentes reviennent donc à admettre que

$$\frac{M''I}{MI} = \frac{t''-t'}{t'-t};$$

on a vu précédemment que cette égalité était vérifiée au deuxième ordre près dans le cas général et au troisième ordre près quand les observations étaient équidistantes.

Représentation géométrique du coefficient de $\frac{t''-t'}{t'-t}$ dans M. — Considérons une figure sphérique géocentrique. Soient C, C', C'' les trois positions de la comète,

Fig. 5.

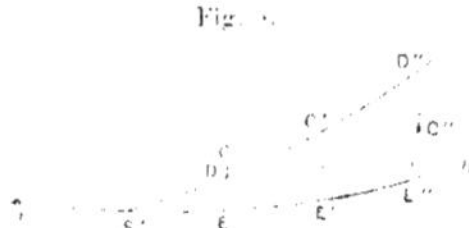

S' la position du Soleil dans l'observation moyenne, xy le plan de l'écliptique ; CE, C'E', C''E'' les arcs de grand cercle, perpendiculaires à l'écliptique, qui représentent les latitudes géocentriques, et enfin S'C' le grand cercle qui passe par la position moyenne du Soleil et de la comète. On aura

$$S'E = \alpha - \Theta',\qquad S'E' = \alpha' - \Theta',\qquad S'E'' = \alpha'' - \Theta';$$
$$EC = \delta,\qquad E'C' = \delta',\qquad E''C'' = \delta''.$$

Posons encore

$$ED = \delta_1, \qquad E''D = \delta''_1; \qquad E'S'C' = I.$$

On aura

$$\tang\delta' = \sin(\alpha' - \Theta')\tang I,$$
$$\tang\delta_1 = \sin(\alpha - \Theta')\tang I,$$
$$\tang\delta''_1 = \sin(\alpha'' - \Theta')\tang I.$$

En portant dans l'expression de M′ et de M″ les valeurs de $\sin(\alpha - \Theta')$ et de $\sin(\alpha'' - \Theta')$ tirées de ces équations, les formules (4) deviennent

$$(4')\quad \begin{cases} M' = \dfrac{\tang\delta_1 - \tang\delta}{\tang\delta'' - \tang\delta''_1} = \dfrac{\sin(\delta_1 - \delta)}{\sin(\delta'' - \delta''_1)}\,\dfrac{\cos\delta''\cos\delta''_1}{\cos\delta\cos\delta_1}, \\[2ex] M'' = \dfrac{\tang\delta'}{\sin(\alpha' - \Theta')}\,\dfrac{\sin(\Theta' - \Theta)}{\tang\delta'' - \tang\delta''_1}. \end{cases}$$

On voit que M′ et, par suite, M ne sera positif que si l'on a

$$\delta > \delta_1 \quad \text{et} \quad \delta'' < \delta''_1,$$

ou bien

$$\delta < \delta_1 \quad \text{et} \quad \delta'' > \delta''_1.$$

Donc C″ et C doivent être de part et d'autre du grand cercle S′C′.

Cas d'exception. — Si l'on a $\delta_1 = \delta$ et $\delta''_1 = \delta''$, le mouvement apparent de la comète s'effectue sur le grand cercle SC′, c'est-à-dire que les trois positions apparentes de la comète sont sur un arc de cercle passant par le Soleil. L'expression qui définit M′ se présente alors sous la forme $\frac{0}{0}$ et celle qui définit M″ devient infinie. Les formules précédentes ne sont plus applicables. Nous nous proposons d'en établir d'autres.

A cet effet, revenons aux équations fondamentales (1). En retranchant α' de toutes les longitudes, la seconde des équations (1) devient

$$|r'r''|\{\rho\sin(\alpha - \alpha') - R\sin(\Theta - \alpha')\}$$
$$+ |rr''|R'\sin(\Theta' - \alpha') + |rr'|\{\rho''\sin(\alpha'' - \alpha') - R''\sin(\Theta'' - \alpha')\} = 0.$$

On en tire

$$\rho'' = -\frac{|r'r''|}{|rr'|}\,\frac{\sin(\alpha - \alpha')}{\sin(\alpha'' - \alpha')}\,\rho$$
$$+ \frac{|r'r''|R\sin(\Theta - \alpha') - |rr''|R'\sin(\Theta' - \alpha') + |rr'|R''\sin(\Theta'' - \alpha')}{|rr'|\sin(\alpha'' - \alpha')};$$

or on a

$$\frac{[r'r'']}{[rr']} = \frac{\vartheta}{\vartheta''}\left(1 - \frac{\vartheta^2 - \vartheta''^2}{6r'^3}\right), \qquad \frac{[R'R'']}{[RR']} = \frac{\vartheta}{\vartheta''}\left(1 - \frac{\vartheta^2 - \vartheta''^2}{6R'^3}\right),$$

$$\frac{[rr'']}{[rr']} = \frac{\vartheta'}{\vartheta''}\left(1 - \frac{\vartheta'^2 - \vartheta''^2}{6r'^3}\right), \qquad \frac{[RR'']}{[RR']} = \frac{\vartheta'}{\vartheta''}\left(1 - \frac{\vartheta'^2 - \vartheta''^2}{6R'^3}\right).$$

On en déduit

$$\frac{[r'r'']}{[rr']} = \frac{[R'R'']}{[RR']}\left[1 + \frac{\vartheta^2 - \vartheta''^2}{6}\left(\frac{1}{R'^3} - \frac{1}{r'^3}\right)\right],$$

$$\frac{[rr'']}{[rr']} = \frac{[RR'']}{[RR']}\left[1 + \frac{\vartheta'^2 - \vartheta''^2}{6}\left(\frac{1}{R'^3} - \frac{1}{r'^3}\right)\right],$$

et en posant

$$R\sin(\Theta - \alpha') = Y, \qquad R'\sin(\Theta' - \alpha') = Y', \qquad R''\sin(\Theta'' - \alpha') = Y'',$$

il vient

$$\rho'' = \rho\,\frac{t'' - t'}{t' - t}\,\frac{\sin(\alpha' - \alpha)}{\sin(\alpha'' - \alpha')}\left(1 + \frac{\vartheta''^2 - \vartheta^2}{6r'^3}\right)$$
$$- \frac{[R'R'']Y\left[1 + \frac{\vartheta''^2 - \vartheta^2}{6}\left(\frac{1}{r'^3} - \frac{1}{r^3}\right)\right] - [RR'']Y'\left\{1 + \frac{\vartheta''^2 - \vartheta'^2}{6}\left(\frac{1}{r'^3} - \frac{1}{R'^3}\right)\right\} + [RR']Y''}{[RR']\sin(\alpha'' - \alpha')}.$$

On simplifie l'expression de ρ'' en remarquant que, les trois positions de la planète étant dans un même plan, on a

$$[R'R'']Y - [RR'']Y' + [RR']Y'' = 0;$$

d'autre part, on peut, dans les termes restants, négliger les différences $R' - R$ et $\Theta' - \Theta$, ou faire $Y = Y'$, et enfin

$$\frac{1}{6}\left(\frac{1}{r'^3} - \frac{1}{R'^3}\right)\left\{\frac{[R'R'']}{[RR']}(\vartheta''^2 - \vartheta^2) - \frac{[RR'']}{[RR']}(\vartheta''^2 - \vartheta'^2)\right\}R'\sin(\Theta' - \alpha')$$
$$= \frac{1}{6}\left(\frac{1}{r'^3} - \frac{1}{R'^3}\right)\left\{\frac{\vartheta}{\vartheta''}(\vartheta''^2 - \vartheta^2) - \frac{\vartheta'}{\vartheta''}(\vartheta''^2 - \vartheta'^2)\right\}R'\sin(\Theta' - \alpha')$$
$$= \frac{1}{2}\left(\frac{1}{r'^3} - \frac{1}{R'^3}\right)\vartheta\vartheta' R'\sin(\Theta' - \alpha');$$

on trouve

$$\rho'' = \frac{t'' - t'}{t' - t}\,\frac{\sin(\alpha' - \alpha)}{\sin(\alpha'' - \alpha')}\,\rho\left(1 - \vartheta'\frac{\vartheta - \vartheta''}{6r'^3}\right) - \frac{1}{2}\vartheta\vartheta' R'\left(\frac{1}{r'^3} - \frac{1}{R'^3}\right)\frac{\sin(\Theta' - \alpha')}{\sin(\alpha'' - \alpha')}.$$

Le terme $\frac{\vartheta\vartheta'}{\sin(\alpha'' - \alpha')}$ est du premier ordre; en négligeant les termes du deuxième ordre, on trouve donc

$$\rho'' = \frac{t''-t'}{t'-t}\frac{\sin(\alpha'-\alpha)}{\sin(\alpha''-\alpha')}\rho - \frac{1}{2}\theta\theta'\frac{\sin(\Theta'-\alpha')}{\sin(\alpha''-\alpha')}R'\left(\frac{1}{r'^3}-\frac{1}{R'^3}\right).$$

Pour obtenir une valeur approchée du rapport $\frac{\rho''}{\rho}$, on négligera la seconde partie du deuxième membre. En posant

$$(7') \qquad M_1 = \frac{t''-t'}{t'-t}\frac{\sin(\alpha'-\alpha)}{\sin(\alpha''-\alpha')}$$

on aura

$$\rho'' = M_1\rho,$$

mais la valeur ainsi obtenue pour $\frac{\rho''}{\rho}$ ne sera pas aussi approchée que dans le cas général.

Autre cas d'exception. — Les formules précédentes donnent de mauvais résultats quand les différences $\alpha'-\alpha$ et $\alpha''-\alpha'$ sont très petites, c'est-à-dire quand la longitude de la comète varie lentement.

Pour ne pas introduire les différences $\alpha'-\alpha$ et $\alpha''-\alpha'$, en éliminant ρ' entre les équations (1), on retranche Θ' des longitudes au lieu d'en retrancher α'. On trouve ainsi

$$\begin{gathered}[r'r'']\{\rho\cos(\alpha-\Theta')-R\cos(\Theta-\Theta')\}\\ +[rr']\{\rho''\cos(\alpha''-\Theta')-R''\cos(\Theta''-\Theta')\}=[rr'']\{\rho'\cos(\alpha'-\Theta')-R'\},\\ [r'r'']\rho\tang\delta+[rr']\rho''\tang\delta''=[rr'']\rho'\tang\delta',\end{gathered}$$

d'où

$$\begin{aligned}\rho'' = {} & \frac{[r'r'']}{[rr']}\frac{\tang\delta'\cos(\alpha-\Theta')-\tang\delta\cos(\alpha'-\Theta')}{\tang\delta''\cos(\alpha'-\Theta')-\tang\delta'\cos(\alpha''-\Theta')}\rho\\ & -\frac{[r'r'']R\tang\delta'\cos(\Theta-\Theta')-[rr'']R'\tang\delta'+[rr']R''\tang\delta'\cos(\Theta''-\Theta')}{[rr']\{\tang\delta''\cos(\alpha'-\Theta')-\tang\delta'\cos(\alpha''-\Theta')\}};\end{aligned}$$

et en faisant les mêmes transformations que dans le cas précédent, on arrive aisément à la formule suivante :

$$\begin{aligned}\rho'' = {} & \frac{t''-t'}{t'-t}\rho\frac{\tang\delta'\cos(\alpha-\Theta')-\tang\delta\cos(\alpha'-\Theta')}{\tang\delta''\cos(\alpha'-\Theta')-\tang\delta'\cos(\alpha''-\Theta')}\\ & -\frac{1}{2}\theta\theta'\frac{R'\tang\delta'}{\tang\delta''\cos(\alpha'-\Theta')-\tang\delta'\cos(\alpha''-\Theta')}\left(\frac{1}{r'^3}-\frac{1}{R'^3}\right).\end{aligned}$$

On prendra pour $\frac{\rho''}{\rho}$ la valeur

$$(7'') \qquad M_2 = \frac{t''-t'}{t'-t}\frac{\tang\delta'\cos(\alpha-\Theta')-\tang\delta\cos(\alpha'-\Theta')}{\tang\delta''\cos(\alpha'-\Theta')-\tang\delta'\cos(\alpha''-\Theta')}.$$

8. Méthode d'Olbers pour la détermination des orbites paraboliques. — Soient t et t'' les temps de deux observations d'une comète; α, α'' ses longitudes; δ, δ'' ses latitudes; soient, de même, Θ, Θ'' les longitudes correspondantes du Soleil; R, R'' ses distances à la Terre.

Les coordonnées de la comète sont données par les observations, celles du Soleil par la *Connaissance des Temps* ou d'autres éphémérides.

Nous désignerons encore par ρ et ρ'' les distances accourcies de la comète à la Terre et nous supposerons qu'on a calculé, par une des formules précédentes, la valeur M du rapport $\frac{\rho''}{\rho}$, avec les données fournies par une troisième observation.

Les coordonnées héliocentriques x, y, z; x'', y'', z'' de la comète aux temps t et t'' sont données par les formules suivantes :

$$(1)\qquad \left\{\begin{aligned} x &= \rho\cos\alpha - R\cos\Theta, & x'' &= M\rho\cos\alpha'' - R''\cos\Theta'',\\ y &= \rho\sin\alpha - R\sin\Theta, & y'' &= M\rho\sin\alpha'' - R''\sin\Theta'',\\ z &= \rho\,\mathrm{tang}\,\delta; & z'' &= M\rho\,\mathrm{tang}\,\delta''. \end{aligned}\right.$$

Les distances r, r'' de la comète au Soleil, aux temps t et t'', sont

$$r^2 = x^2 + y^2 + z^2, \qquad r''^2 = x''^2 + y''^2 + z''^2.$$

La corde qui joint les deux positions de l'astre est donnée par l'équation

$$s^2 = (x - x'')^2 + (y - y'')^2 + (z - z'')^2.$$

En exprimant r, r'' et s à l'aide des données des observations et de ρ, on a

$$(2)\qquad \left\{\begin{aligned} r^2 &= \frac{\rho^2}{\cos^2\delta} - 2\rho R\cos(\alpha - \Theta) + R^2,\\ r''^2 &= \frac{M^2\rho^2}{\cos^2\delta''} - 2\rho MR\cos(\alpha'' - \Theta'') + R''^2,\\ s^2 &= r^2 + r''^2 - 2RR''\cos(\Theta'' - \Theta) + 2\rho R''\cos(\alpha - \Theta'')\\ &\quad + 2M\rho R\cos(\alpha'' - \Theta) - 2M\rho^2\cos(\alpha'' - \alpha) - 2M\rho^2\,\mathrm{tang}\,\delta\,\mathrm{tang}\,\delta''. \end{aligned}\right.$$

Enfin le théorème d'Euler nous donne l'équation

$$(3)\qquad (r + r'' + s)^{\frac{3}{2}} - (r + r'' - s)^{\frac{3}{2}} = 6k(t'' - t) = \frac{t'' - t}{m}; \qquad \log m = 0{,}9862673.$$

On a ainsi quatre équations à quatre inconnues r, r'', s et ρ.

La résolution rigoureuse en est impossible. On peut procéder par tâtonnement de la suivante :

On fait $\rho = 1$ et l'on en déduit les valeurs de r, r'', s par les formules (2); on cherche ensuite par la relation (3) la valeur correspondante de $t''-t$. On trouve généralement qu'elle est différente de celle qui correspond aux observations. On donne ensuite à ρ une suite de valeurs peu différentes, à partir de l'unité, et dont l'ordre de grandeur est déterminé de façon qu'on obtienne par les formules (2) et (3) des valeurs de plus en plus exactes de $t''-t$.

Ces valeurs de ρ sont de plus en plus approchées de la valeur exacte; mais les calculs sont pénibles.

9. Il est préférable de se servir des transformations de Gauss.

Des équations (1) on déduit

$$\left|\begin{array}{l} x''-x=\rho(\mathrm{M}\cos\alpha''-\cos\alpha)-\mathrm{R}''\cos\Theta''+\mathrm{R}\cos\Theta,\\ y''-y=\rho(\mathrm{M}\sin\alpha''-\sin\alpha)-\mathrm{R}''\sin\Theta''+\mathrm{R}\sin\Theta,\\ z''-z=\rho(\mathrm{M}\operatorname{tang}\delta''-\operatorname{tang}\delta). \end{array}\right.$$

On pose ensuite

$$\begin{array}{l} \mathrm{R}''\cos\Theta''-\mathrm{R}\cos\Theta=g\cos\mathrm{G},\\ \mathrm{R}''\sin\Theta''-\mathrm{R}\sin\Theta=g\sin\mathrm{G}; \qquad g>0. \end{array}$$

En retranchant Θ des longitudes, ces formules deviennent

$$\begin{array}{l} \mathrm{R}''\cos(\Theta''-\Theta)-\mathrm{R}=g\cos(\mathrm{G}-\Theta),\\ \mathrm{R}''\sin(\Theta''-\Theta)\phantom{-\mathrm{R}}=g\sin(\mathrm{G}-\Theta); \end{array}$$

g étant assujetti à la condition d'être positif, les équations précédentes déterminent sans ambiguïté g et G. On a ensuite

$$\left|\begin{array}{l} x''-x=\rho(\mathrm{M}\cos\alpha''-\cos\alpha)-g\cos\mathrm{G},\\ y''-y=\rho(\mathrm{M}\sin\alpha''-\sin\alpha)-g\sin\mathrm{G},\\ z''-z=\rho(\mathrm{M}\operatorname{tang}\delta''-\operatorname{tang}\delta). \end{array}\right.$$

On pose encore

$$\left|\begin{array}{l} \mathrm{M}\cos\alpha''-\cos\alpha=h\cos\zeta\cos\mathrm{H},\\ \mathrm{M}\sin\alpha''-\sin\alpha=h\cos\zeta\sin\mathrm{H},\\ \mathrm{M}\operatorname{tang}\delta''-\operatorname{tang}\delta=h\sin\zeta. \end{array}\right.$$

Avec les conditions $h>0$; $-90^\circ<\zeta<90^\circ$, ces équations déterminent sans ambiguïté h, ζ, H.

Pour les calculs, il est plus commode de se servir des formules suivantes que l'on obtient en retranchant α'' des longitudes

$$\left|\begin{array}{l} h\cos\zeta\cos(\mathrm{H}-\alpha'')=\mathrm{M}-\cos(\alpha''-\alpha),\\ h\cos\zeta\sin(\mathrm{H}-\alpha'')=\mathrm{M}\sin(\alpha''-\alpha),\\ h\sin\zeta\phantom{\sin(\mathrm{H}-\alpha'')}=\mathrm{M}\operatorname{tang}\delta''-\operatorname{tang}\delta. \end{array}\right.$$

Ces transformations conduisent aux formules

$$\left\{\begin{aligned} x'' - x &= h\rho\cos\zeta\cos H - g\cos G,\\ y'' - y &= h\rho\cos\zeta\sin H - g\sin G,\\ z'' - z &= h\rho\sin\zeta. \end{aligned}\right.$$

On en déduit

$$\left\{\begin{aligned} s^2 &= h^2\rho^2 - 2gh\rho\cos\zeta\cos(G-H) + g^2,\\ r^2 &= \frac{\rho^2}{\cos^2\delta} - 2\rho R\cos(\alpha-\Theta) + R^2,\\ r''^2 &= \frac{M^2\rho^2}{\cos^2\delta''} - 2M\rho R''\cos(\alpha''-\Theta'') + R''^2. \end{aligned}\right.$$

Considérons une figure sphérique géocentrique, le plan de l'écliptique étant pris pour plan des xy.

Soient S la position du Soleil, C celle de la comète, à un instant donné. Menons l'arc CE perpendiculaire à l'écliptique, nous formerons ainsi un triangle dans

Fig. 3.

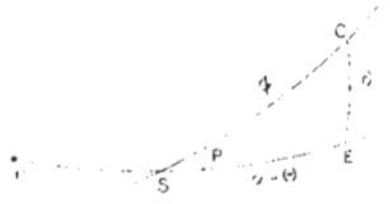

lequel CE représentera la latitude δ de la comète et SE la différence des longitudes géocentriques de l'astéroïde et du Soleil.

En désignant par ψ l'arc SC et par P l'angle ESC, on a

$$\cos\psi = \cos\delta\cos(\alpha-\Theta); \qquad \sin\psi\sin P = \sin\delta.$$

$$\cos P = \cot\psi\,\mathrm{tang}(\alpha-\Theta),$$

$$\cos P\sin\psi = \frac{\cos\psi}{\cos(\alpha-\Theta)}\sin(\alpha-\Theta) = \cos\delta\sin(\alpha-\Theta).$$

On aura des formules analogues en considérant les positions de la comète et du Soleil au temps t''.

Les angles ψ et ψ'' sont déterminés sans ambiguïté par les équations

$$\begin{aligned} \cos\psi &= \cos\delta\cos(\alpha-\Theta), & \cos\psi'' &= \cos\delta''\cos(\alpha''-\Theta''),\\ \sin\psi\cos P &= \cos\delta\sin(\alpha-\Theta), & \sin\psi''\cos P'' &= \cos\delta''\sin(\alpha''-\Theta''),\\ \sin\psi\sin P &= \sin\delta, & \sin\psi''\sin P'' &= \sin\delta''; \end{aligned}$$

Gauss pose encore

$$\begin{aligned}
\cos\varphi &= \cos\zeta\cos(G - H),\\
\sin\varphi\sin w &= \cos\zeta\sin(G - H),\\
\sin\varphi\sin w' &= \sin\zeta;
\end{aligned}$$

φ étant assujetti à la condition d'être compris entre 0° et 180°, ces relations déterminent sans ambiguïté φ et w.

En portant dans les expressions de s, r, r'' les valeurs de $\cos(\alpha - \Theta)$, $\cos(\alpha'' - \Theta'')$ et de $\cos(G - H)$ fournies par les équations précédentes, il vient

$$\begin{aligned}
s^2 &= h^2\rho^2 - 2gh\rho\cos\varphi + g^2 = (h\rho - g\cos\varphi)^2 + g^2\sin^2\varphi,\\
r^2 &= \frac{\rho^2}{\cos^2\delta} - 2\rho R\frac{\cos\psi}{\cos\delta} + R^2 = \left(\frac{\rho}{\cos\delta} - R\cos\psi\right)^2 + R^2\sin^2\psi,\\
r''^2 &= \frac{M^2\rho^2}{\cos^2\delta''} - 2M\rho R''\frac{\cos\psi''}{\cos\delta''} + R''^2 = \left(\frac{M\rho}{\cos\delta''} - R''\cos\psi''\right)^2 + R''^2\sin^2\psi''.
\end{aligned}$$

En posant

$$A = g\sin\varphi, \qquad B = R\sin\psi, \qquad B'' = R''\sin\psi'',$$
$$\rho h - g\cos\varphi = u,$$

les formules précédentes deviennent

$$\begin{aligned}
s &= \sqrt{u^2 + A^2},\\
r &= \sqrt{\left(\frac{u + g\cos\varphi - hR\cos\delta\cos\psi}{h\cos\delta}\right)^2 + B^2},\\
r'' &= \sqrt{\left(\frac{Mu + Mg\cos\varphi - hR''\cos\delta''\cos\psi''}{h\cos\delta''}\right)^2 + B''^2};
\end{aligned}$$

et enfin, si l'on pose

$$h\cos\delta = b, \qquad \frac{h\cos\delta''}{M} = b'',$$
$$g\cos\varphi - bR\cos\psi = c, \qquad g\cos\varphi - b''R''\cos\psi'' = c'',$$

on a, pour déterminer r, r'', s et u, les quatre équations :

$$\left\{\begin{aligned}
s &= \sqrt{u^2 + A^2},\\
r &= \sqrt{\left(\frac{u + c}{b}\right)^2 + B^2},\\
r'' &= \sqrt{\left(\frac{u + c''}{b''}\right)^2 + B''^2},\\
(r + r'' + s)^{\frac{3}{2}} &- (r + r'' - s)^{\frac{3}{2}} = \frac{t'' - t}{m}.
\end{aligned}\right.$$

10. Simplification d'Encke pour la résolution des équations précédentes. — En posant

$$\mathrm{H} = r + r'',$$

on a, pour déterminer s, H et u, les trois équations :

$$s = \sqrt{a^2 + \mathrm{A}^2}, \qquad \mathrm{H} = \sqrt{\left(\frac{u + c}{b}\right)^2 + \mathrm{B}^2} + \sqrt{\left(\frac{u + c''}{b''}\right)^2 + \mathrm{B}''^2},$$

$$6\mathrm{K}(t'' - t) = (\mathrm{H} + s)^{\frac{3}{2}} - (\mathrm{H} - s)^{\frac{3}{2}}.$$

Encke introduit des quantités μ et η définies par les relations

$$s = \frac{2\theta'}{\mathrm{H}^{\frac{1}{2}}}\,\mu, \qquad \eta = \frac{2\theta'}{\mathrm{H}^{\frac{3}{2}}};$$

l'équation d'Euler devient

$$3\eta = (1 + \mu\eta)^{\frac{3}{2}} - (1 - \mu\eta)^{\frac{3}{2}}.$$

En se reportant aux expressions de μ et de η, on voit que

$$\mu\eta = \frac{s}{r + r''} < 1.$$

On peut donc développer $(1 + \mu\eta)^{\frac{3}{2}}$ et $(1 - \mu\eta)^{\frac{3}{2}}$ suivant les puissances de $\mu\eta$, et écrire

$$3\eta = 1 + \frac{3}{2}\eta\mu + \frac{3}{8}\eta^2\mu^2 - \frac{1}{16}\mu^3\eta^3 + \frac{3}{128}\mu^4\eta^4 - \frac{3}{256}\mu^5\eta^5 + \ldots$$
$$- \left(1 - \frac{3}{2}\eta\mu + \frac{3}{8}\eta^2\mu^2 + \frac{1}{16}\mu^3\eta^3 + \frac{3}{128}\mu^4\eta^4 + \frac{3}{256}\mu^5\eta^5 + \ldots\right)$$

ou

$$1 = \mu - \frac{1}{24}\mu^3\eta^2 - \frac{1}{128}\mu^5\eta^4 - \ldots;$$

et, en développant μ suivant les puissances de η, il viendra

$$\mu = 1 + a_1\eta^2 + a_2\eta^4 + a_3\eta^6 + \ldots.$$

On a construit des Tables donnant les valeurs de $\log\mu$ avec l'argument η. Dans le *Traité des orbites* d'Oppolzer, ces Tables portent le n° VII; elles font connaître avec sept décimales les valeurs de $\log\mu$ pour les valeurs de η comprises entre 0 et 0,8.

Dans les premières déterminations d'orbites, il est rare que cette limite soit dépassée. S'il en était ainsi, on calculerait directement la valeur μ par l'équation d'Euler, transformée comme il suit :

On pose

$$\frac{s}{r+r''} = \sin r_1, \qquad 0 < r_1 < 90^{\circ},$$

On a

$$\frac{6Kt}{(r+r'')^{\frac{3}{2}}} = (1+\sin r_1)^{\frac{3}{2}} - (1-\sin r_1)^{\frac{3}{2}}$$

$$= \left(\cos\frac{r_1}{2} + \sin\frac{r_1}{2}\right)^3 - \left(\cos\frac{r_1}{2} - \sin\frac{r_1}{2}\right)^3$$

$$= 6\sin\frac{r_1}{2} - 4\sin^3\frac{r_1}{2},$$

$$\frac{6K(t''-t)}{2^{\frac{3}{2}}(r+r'')^{\frac{3}{2}}} = \frac{3\sin\frac{r_1}{2}}{\sqrt{2}} - 4\left(\frac{\sin\frac{r_1}{2}}{\sqrt{2}}\right)^3,$$

et en posant

$$\frac{\sin\frac{r_1}{2}}{\sqrt{2}} = \sin z, \qquad \frac{6K(t''-t)}{(2r+2r'')^{\frac{3}{2}}} = \sin\lambda,$$

on aura

$$\sin\lambda = \sin 3z.$$

En ne considérant que les valeurs de λ et de z comprises entre 0° et 90°, on a

$$\sin\frac{r_1}{2} = \sqrt{2}\sin z = \sqrt{2}\sin\frac{\lambda}{3}, \qquad s = (r+r'')\,2\sin\frac{r_1}{2}\sqrt{1-\sin^2\frac{r_1}{2}}.$$

Connaissant une valeur approchée de $r+r''$, on pourra donc, par les formules précédentes, obtenir la valeur correspondante de s.

Dans le cas général, on se servira des Tables d'Oppolzer et l'on procédera par approximations successives.

On prendra d'abord :

Première approximation :

$$H_0 = (r+r'') : 2, \qquad \rho_0 = 1, \qquad s_0 = [illegible], \qquad u_0 = [illegible].$$

Avec cette valeur de u, on calculera une valeur plus approchée de H.

Deuxième approximation :

$$H_1 = \sqrt{\left(\frac{u_0}{b} - c\right)^2 + B^2} = \sqrt{\left(\frac{u_0 - c'}{b'}\right)^2 + B'^2}, \qquad z_1 = \frac{G}{\sqrt{H_1}},$$

les Tables VII d'Oppolzer donneront $\log\mu_1$:

$$s_1 = \frac{2g'\mu_1}{\sqrt{H_1}}, \qquad u_1 = \sqrt{s_1^2 - A^2}.$$

Troisième approximation :

$$H_2 = \sqrt{\left(\frac{u_1+c}{b}\right)^2 + B^2} + \sqrt{\left(\frac{u_1+c}{b''}\right)^2 + B''^2}, \qquad q_2 = \frac{2g'}{\sqrt{H_2^3}},$$

les Tables VII donneront $\log\mu_2$:

$$s_2 = \frac{2g'\mu_2}{\sqrt{H_2}}, \qquad u_2 = \sqrt{s_2^2 - A^2}.$$

On continuera de la même façon jusqu'à ce que deux approximations successives donnent pour u des valeurs suffisamment voisines.

Après trois approximations, on peut simplifier les calculs par la remarque suivante qui est applicable à tous les calculs du même genre.

Désignons par λ une fonction quelconque de $r+r''$; par exemple $\log(r+r'')$.

Les approximations successives donnent

$$\lambda_2 = f(\lambda_1), \qquad \lambda_3 = f(\lambda_2), \qquad \ldots, \qquad \lambda_n = f(\lambda_{n-1}), \qquad \ldots,$$

et, en désignant par λ la valeur exacte, on devra avoir

$$\lambda = f(\lambda).$$

Posons

$$\lambda_1 = \lambda - a_1, \qquad \lambda_2 = \lambda - a_2, \qquad \lambda_3 = \lambda - a_3.$$

On aura

$$\lambda - a_2 = f(\lambda - a_1) = f(\lambda) - a_1 f'_\lambda + \ldots,$$
$$\lambda - a_3 = f(\lambda - a_2) = f(\lambda) - a_2 f'_\lambda + \ldots.$$

En considérant a_1, a_2, a_4 comme des quantités du premier ordre et en négligeant le deuxième ordre, on a

$$a_2 = a_1 f'_\lambda, \qquad a_3 = a_2 f'_\lambda,$$
$$a_2^2 = a_1 a_3.$$

En remplaçant, dans cette égalité, a_1, a_2, a_3 par $\lambda-\lambda_1$, $\lambda-\lambda_2$, $\lambda-\lambda_3$, il vient

$$(\lambda-\lambda_2)^2 = (\lambda-\lambda_1)(\lambda-\lambda_3),$$

d'où

$$\lambda - \lambda_3 = -\frac{(\lambda_3-\lambda_2)^2}{\lambda_1+\lambda_3-2\lambda_2}.$$

Dans les calculs numériques, il sera commode d'introduire les différences des quantités $\lambda_1, \lambda_2, \lambda_3$.

Avec les notations habituelles, la formule précédente deviendra

$$\lambda = \lambda_3 - \frac{(\Delta\lambda_2)^2}{\Delta^2\lambda_1}.$$

Remarque. — Dans la méthode d'Encke, la valeur de ρ est donnée par les formules

$$s^2 = u^2 + A^2, \qquad u = \rho h - g\cos\varphi = \pm\sqrt{s^2 - A^2}.$$

Il reste à déterminer le signe que l'on doit prendre devant le radical.

Or on a

$$s^2 = h^2\rho^2 - 2h\rho g\cos\varphi + g^2, \qquad s^2 - g^2 = h\rho(h\rho - 2g\cos\varphi).$$

Si $s > g$, on aura aussi

$$h\rho - 2g\cos\varphi > 0,$$

il faudra prendre le signe $+$ devant le radical.

Si $s < g$, la formule précédente ne détermine plus le signe de u. Mais des définitions de ces quantités, il résulte que s est la corde qui joint les positions de la comète aux temps t et t'', et que g est la grandeur correspondante dans le mouvement du Soleil. L'intervalle $t'' - t$ étant considéré comme du premier ordre, l'hypothèse $s < g$ revient à

$$\text{arc}\,\mathbf{MM''} < \text{arc}\,\mathbf{SS''},$$

$$\frac{\text{arc}\,\mathbf{MM''}}{t'' - t} < \frac{\text{arc}\,\mathbf{SS''}}{t'' - t}.$$

Soient v' et v'_1 les vitesses de la comète et du Soleil au temps t' compris entre t et t''; l'intervalle $t'' - t$ étant considéré comme petit, v'_1 et v' sont dans le même ordre de grandeur que les vitesses moyennes.

De sorte que, si l'on avait $s < g$, on aurait aussi $v' < v'_1$; et en négligeant l'excentricité du Soleil,

$$v'^2 = \frac{2K^2}{r'}, \qquad v'^2_1 = \frac{K^2}{R'};$$

donc on aurait

$$r' > 2R'.$$

Mais on n'observe généralement pas les comètes à une aussi grande distance. On prendra donc toujours le signe $+$ devant le radical

$$\rho = \frac{g\cos\varphi + \sqrt{s^2 - A^2}}{h}.$$

11. Calcul des lieux héliocentriques. — Soient l, l', l'' les longitudes héliocentriques; b, b', b'' les latitudes; r, r', r'' les rayons vecteurs, aux temps t, t', t''. On a

$$\left\{\begin{aligned} r\cos b\cos l &= \rho\cos\alpha - \mathrm{R}\cos\Theta, \\ r\cos b\sin l &= \rho\sin\alpha - \mathrm{R}\sin\Theta, \\ r\sin b &= \rho\operatorname{tang}\delta. \end{aligned}\right.$$

En retranchant Θ de toutes les longitudes, les formules précédentes deviennent

$$\left\{\begin{aligned} r\cos b\cos(l-\Theta) &= \rho\cos(\alpha-\Theta) - \mathrm{R}, \\ r\cos b\sin(l-\Theta) &= \rho\sin(\alpha-\Theta), \\ r\sin b &= \rho\operatorname{tang}\delta; \end{aligned}\right.$$

on a de même

$$\left\{\begin{aligned} r''\cos b''\cos(l''-\Theta'') &= \rho''\cos(\alpha''-\Theta'') - \mathrm{R}'', \\ r''\cos b''\sin(l''-\Theta'') &= \rho''\sin(\alpha''-\Theta''), \\ r''\sin b'' &= \rho''\operatorname{tang}\delta''; \end{aligned}\right.$$

ρ et ρ'' sont déterminés par les formules

$$\rho = \frac{u - g\cos\varphi}{h}, \qquad \rho'' = \mathrm{M}\rho.$$

Les équations précédentes font donc connaître $\log r$, $\log r''$, l, l'', $\log\operatorname{tang} b$, $\log\operatorname{tang} b''$.

Première vérification. — Les valeurs de $\log r$ et de $\log r''$ trouvées par ces formules devront coïncider avec celles qui ont été obtenues par les formules du n° 9. On s'assurera ainsi de l'exactitude des calculs qui auront été faits pour déterminer B, B'', b, b'', c et c''.

Calcul de Ω *et* i. — On a déterminé l et l''. Si $l'' > l$, le mouvement est direct ($i < 90°$, $\operatorname{tang} i > 0$); si $l'' < l$, le mouvement est rétrograde ($i > 90°$, $\operatorname{tang} i < 0$).

Soient xy le plan de l'écliptique, N le nœud ascendant de l'orbite de la comète,

Fig. 4.

NMM'' le plan de l'orbite, MP et M''P des arcs de grand cercle perpendiculaires sur le plan des xy.

Dans les triangles NMP et NM''P'', on a

$$\tang b = \sin(l - \Omega)\tang i,$$
$$\tang b'' = \sin(l'' - \Omega)\tang i.$$

Il est aisé de voir que ces formules sont encore vraies quand i est obtus. On peut écrire

$$\tang b'' = \tang i \sin(l - \Omega + l'' - l)$$
$$= \tang i \sin(l - \Omega)\cos(l'' - l) + \tang i \cos(l - \Omega)\sin(l'' - l).$$

On en tire

$$\sin(l - \Omega)\tang i = \tang b,$$
$$\cos(l - \Omega)\tang i = \frac{\tang b'' - \tang b \cos(l'' - l)}{\sin(l'' - l)}.$$

Le signe de $\tang i$ étant connu, on a sans ambiguïté i et Ω.

Calcul de u et u'' arguments de latitude. — Dans les triangles précédents, on a

$$(\alpha) \qquad \tang u = \frac{\tang(l - \Omega)}{\cos i}, \qquad \tang u'' = \frac{\tang(l'' - \Omega)}{\cos i};$$

$$(\beta) \qquad \tang u = \frac{\tang b}{\sin i \cos(l - \Omega)}, \qquad \tang u'' = \frac{\tang b''}{\sin i \cos(l'' - \Omega)}.$$

D'autre part,

$$\sin b = \sin u \sin i, \qquad \sin b'' = \sin u'' \sin i.$$

Ces dernières formules font connaître les signes de $\sin u$ et de $\sin u''$. Les valeurs de $\tang u$, de $\tang u''$ déterminent donc u et u'' sans ambiguïté.

On emploiera les formules (α) quand i sera moindre que 45° et les formules β quand i sera supérieur à 45°.

Deuxième vérification. — Considérons le triangle SMM'' formé par le Soleil et

Fig. 5.

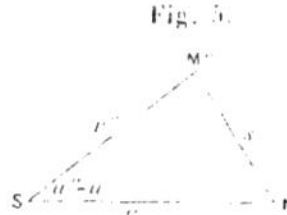

les deux positions de la comète, et désignons son périmètre par 2Σ. On sait que l'on a

$$\sin\frac{u'' - u}{2} = \sqrt{\frac{(\Sigma - r)(\Sigma - r'')}{r r''}}.$$

Cette formule permet de vérifier les valeurs de u et de u''.

Calcul de q et de ϖ. — Soient w et w'' les anomalies vraies, p le paramètre, q la distance périhélie. On a

$$r = \frac{p}{1+\cos w}, \qquad r'' = \frac{p}{1+\cos w''},$$

$$\frac{\cos\frac{1}{2}w}{\sqrt{q}} = \frac{1}{\sqrt{r}}, \qquad \frac{\cos\frac{1}{2}w''}{\sqrt{q}} = \frac{1}{\sqrt{r''}}.$$

Or

$$w'' = w + u'' - u.$$

Donc

$$\frac{\cos\frac{1}{2}w\cos\frac{1}{2}(u''-u) - \sin\frac{1}{2}w\sin(u''-u)}{\sqrt{q}} = \frac{1}{\sqrt{r''}}.$$

On en tire

$$\left|\begin{array}{l} \dfrac{\sin\frac{1}{2}w}{\sqrt{q}} = \dfrac{1}{\sqrt{r}}\cot\dfrac{u''-u}{2} - \dfrac{1}{\sqrt{r''}}\operatorname{cosec}\dfrac{u''-u}{2}, \\ \dfrac{\cos\frac{1}{2}w}{\sqrt{q}} = \dfrac{1}{\sqrt{r}}. \end{array}\right.$$

Ces formules déterminent sans ambiguïté q et w. On a ensuite

$$\varpi = \Omega + u - w = \Omega + u'' - w''.$$

Calcul du temps T *du passage au périhélie.* — On se sert, pour cela, de l'équation

$$\operatorname{tang}\frac{w}{2} + \frac{1}{3}\operatorname{tang}^3\frac{w}{2} = \frac{k(t-T)}{\sqrt{2}q^{\frac{3}{2}}}.$$

En posant

$$M = \frac{\sqrt{2}}{k}\left(\operatorname{tang}\frac{w}{2} + \frac{1}{3}\operatorname{tang}^3\frac{w}{2}\right),$$

on a

$$M = \frac{t-T}{q^{\frac{3}{2}}}.$$

Les Tables IV d'Oppolzer dont nous avons déjà parlé au n° 3 font connaître les valeurs de M avec l'argument w. Le temps T du passage au périhélie est ensuite donné par la formule

$$T = t - Mq^{\frac{3}{2}} = t'' - M''q^{\frac{3}{2}}.$$

Troisième vérification. — *Calcul du lieu moyen.* — T, t' et q étant connus, on détermine la valeur M′ pour le temps t' par la formule

$$T = t' - M'q^{\frac{3}{2}}.$$

Les Tables IV font ensuite connaître w', et l'on a

$$r' = \frac{q}{\cos^2 \frac{w'}{2}}, \qquad u' = v' + \varpi - \Omega.$$

Nous allons établir des formules permettant de calculer la longitude et la latitude géocentriques de la comète au temps t', à l'aide des éléments de r' et de u'.

Considérons un système d'axes rectangulaires héliocentriques, le plan des xy étant le plan de l'écliptique et l'axe des x passant par le nœud ascendant de l'orbite. Soient, au temps t', S le centre de gravité du Soleil, T celui de la Terre et M' la comète.

En projetant sur chacun des axes les côtés de ce triangle et en écrivant que

$$\text{Projection TM}' = \text{Projection TS} + \text{Projection SM}',$$

on trouve

$$\begin{aligned}
\rho' \cos(\alpha' - \Omega) &= r' \cos u' + \mathrm{R}' \cos(\Theta' - \Omega),\\
\rho' \sin(\alpha' - \Omega) &= r' \sin u' \cos i + \mathrm{R}' \sin(\Theta' - \Omega),\\
\rho' \operatorname{tang} \delta' &= r' \sin u' \sin i.
\end{aligned}$$

Les valeurs de α' et δ' calculées par ces formules doivent coïncider avec les données de l'observation. Si les calculs sont exacts et si les valeurs calculées α'_c et δ'_c diffèrent sensiblement des valeurs observées α'_0 et δ'_0, l'orbite n'est pas une parabole, la comète est périodique. On s'en assure en essayant les mêmes vérifications avec d'autres observations.

Remarque. — Dans la méthode d'Olbers on n'emploie l'observation intermédiaire que dans le calcul de la valeur M du rapport $\frac{\rho''}{\rho}$,

$$\mathrm{M} = \frac{t'' - t'}{t' - t} \, \frac{\operatorname{tang}\delta' \sin(\alpha - \Theta') - \operatorname{tang}\delta \sin(\alpha' - \Theta')}{\operatorname{tang}\delta'' \sin(\alpha' - \Theta') - \operatorname{tang}\delta' \sin(\alpha'' - \Theta')}.$$

Or, on peut écrire cette expression

$$\mathrm{M} = \frac{t'' - t'}{t' - t} \, \frac{\dfrac{\operatorname{tang}\delta'}{\sin(\alpha' - \Theta')} \sin(\alpha - \Theta') - \operatorname{tang}\delta}{\operatorname{tang}\delta'' - \dfrac{\operatorname{tang}\delta'}{\sin(\alpha' - \Theta')} \sin(\alpha'' - \Theta')}.$$

α' et δ' n'y entrent que par la quantité $\dfrac{\operatorname{tang}\delta'}{\sin(\alpha' - \Theta')}$.

Quelle que soit la nature de l'orbite, si les calculs sont exacts, la valeur de $\frac{\rho''}{\rho}$ déduite des éléments trouvés sera égale à la valeur de M qui a servi à les obtenir;

et, pour qu'il en soit ainsi, il faut que l'expression $\frac{\tang\delta'}{\sin(\alpha'-\Theta')}$ prenne la même valeur quand on y donne à δ' et α' les valeurs observées ou les valeurs calculées.

En désignant les coordonnées observées au temps t' par α'_0, δ'_0, et les coordonnées calculées pour la même époque par α'_c, δ'_c, on doit avoir

$$(a) \qquad \frac{\tang\delta'_0}{\sin(\alpha'_0-\Theta')} = \frac{\tang\delta'_c}{\sin(\alpha'_c-\Theta')}.$$

La signification géométrique de l'expression considérée permet de transformer avantageusement cette formule.

Fig. 6.

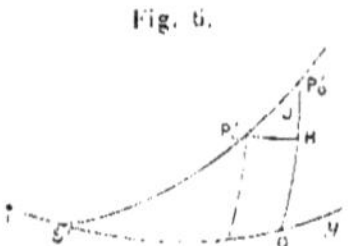

Soit xy le plan de l'écliptique; P'_0 et P'_c les positions observées et calculées au temps t'; S' la position du Soleil.

Abaissons P'_0Q perpendiculaire sur xy et P'_c perpendiculaire sur P'_0Q, et désignons par J l'angle $S'P'_0Q$.

Dans le triangle $S'P'_0Q$, on a

$$\cot J = \frac{\tang\delta'_0}{\sin(\alpha'_0-\Theta')},$$

et l'égalité (a) exprime que le point P'_c se trouve sur l'arc $S'P'_0$.

Or, dans le triangle $P'_cP'_0H$ on a

$$HP'_c = (\alpha'_0-\alpha'_c)\cos\delta'_0, \qquad HP'_0 = \delta'_0-\delta'_c,$$

$$\cot J = \frac{P'_0H}{P'_cH}.$$

Donc la formule (a) peut s'écrire

$$(a') \qquad \frac{\sin\delta'_0}{\tang(\alpha'_0-\Theta')} = \frac{\delta'_0-\delta'_c}{(\alpha'_0-\alpha'_c)\cos\delta'_0}.$$

Cette formule est indépendante de l'hypothèse faite sur la nature de l'orbite; elle contient des quantités α'_c et δ'_c qui dépendent de tous les éléments. Elle fournit donc un excellent contrôle des calculs.

12. Résumé des formules pour la détermination d'une orbite parabolique, avec trois observations, par la méthode d'Olbers.

Première partie. — *Préparation des observations* :

(I). On convertit les temps moyens des observations en temps moyens de Paris. (*Voir* à ce sujet les indications de la *Connaissance des Temps*).

(II). On exprime les mois, les heures, les minutes et les secondes en jours moyens et fractions décimales de jour moyen. On néglige seulement la 6e décimale. (Tables XIV de la *Connaissance des Temps*.)

(III). On transforme les ascensions droites en degrés, minutes et secondes d'arc. (Tables VII de la *Connaissance des Temps*.)

(IV). On rapporte les ascensions droites et les déclinaisons à l'équinoxe moyen de janvier o de l'année.

Les corrections sont données, en secondes d'arc, par les formules suivantes :

Pour les ascensions droites

$$-[f + g\sin(\mathcal{G} + \mathcal{A})\operatorname{tang}\mathcal{D} + h\sin(\mathrm{H} + \mathcal{A})\operatorname{séc}\mathcal{D} + f' + g'\sin(\mathcal{G}' + \mathcal{A})\operatorname{tang}\mathcal{D}].$$

Pour les déclinaisons

$$-[g\cos(\mathcal{G} + \mathcal{A}) + h\cos(\mathcal{G} + \mathcal{A})\sin\mathcal{D} + i\cos\mathcal{D} + g'\cos(\mathcal{G}' + \mathcal{A})].$$

Les coefficients f, g, ..., $\mathcal{G}$, H sont donnés dans la *Connaissance des Temps*.

Il suffit, en général, de prendre les deux premiers termes de la correction des $\mathcal{A}$ et le premier de la correction des $\mathcal{D}$.

(V). On transforme les ascensions droites et les déclinaisons en longitudes, α, α', α'' et en latitudes β, β', β'', par les formules

$$\operatorname{tang}\mathrm{N} = \frac{\operatorname{tang}\mathcal{D}}{\sin\mathcal{A}},$$

$$\operatorname{tang}\alpha = \frac{\cos(\mathrm{N} - \varepsilon)}{\cos\mathrm{N}}\operatorname{tang}\mathcal{A}, \qquad \cos\alpha\cos\mathcal{A} > 0,$$

$$\operatorname{tang}\beta = \operatorname{tang}(\mathrm{N} - \varepsilon)\sin\alpha;$$

ε représente l'obliquité moyenne de l'écliptique à janvier o de l'année. On trouve sa valeur dans la *Connaissance des Temps*.

On peut vérifier ces dernières transformations, avec la formule.

$$\frac{\cos(\mathrm{N} - \varepsilon)}{\cos\mathrm{N}} = \frac{\cos\beta\sin\alpha}{\cos\mathcal{D}\sin\mathcal{A}}.$$

Il est préférable de calculer encore les α et δ par les formules suivantes

$$\left\{\begin{aligned} \cos\alpha\cos\delta &= \cos\mathcal{L}\sin\mathcal{D},\\ \sin\alpha\cos\delta &= \cos\mathcal{D}\sin\mathcal{L}\cos\varepsilon + \sin\mathcal{D}\sin\varepsilon,\\ \sin\delta &= -\cos\mathcal{D}\sin\mathcal{L}\sin\varepsilon + \sin\mathcal{D}\cos\varepsilon. \end{aligned}\right.$$

(VI). On cherche dans la *Connaissance des Temps* les coordonnées moyennes du Soleil, rapportées à janvier o de l'année, pour les trois temps des observations, t, t', t''.

On ajoute aux longitudes la valeur absolue de l'aberration 20″,44 ± une petite correction.

Soient Θ, Θ', Θ'' les longitudes ainsi corrigées et R, R′, R″ les distances du Soleil à la Terre aux temps t, t', t''.

On néglige la parallaxe.

On a ainsi les données du calcul

$$\begin{array}{lllll} t, & \alpha, & \delta; & \Theta, & \log R,\\ t', & \alpha', & \delta'; & \Theta', & \log R',\\ t'', & \alpha'', & \delta''; & \Theta'', & \log R''. \end{array}$$

Deuxième partie. — *Formules :*

(I)
$$M = \frac{t''-t'}{t'-t}\,\frac{\tan\delta'\sin(\alpha-\Theta')-\tan\delta\sin(\alpha'-\Theta')}{\tan\delta''\sin(\alpha'-\Theta')-\tan\delta'\sin(\alpha''-\Theta')}.$$

(II)
$$\left\{\begin{aligned} g\cos(G-\Theta) &= R''\cos(\Theta''-\Theta)-R\\ g\sin(G-\Theta) &= R''\sin(\Theta''-\Theta) \end{aligned}\right. \qquad g>0,$$

(III)
$$\left\{\begin{aligned} h\cos\zeta\cos(H-\alpha'') &= M-\cos(\alpha''-\alpha) && h>0,\\ h\cos\zeta\sin(H-\alpha'') &= \sin(\alpha''-\alpha) && -90<\zeta<90,\\ h\sin\zeta &= M\tan\delta''-\tan\delta. \end{aligned}\right.$$

(IV)
$$\left\{\begin{aligned} \cos\psi &= \cos\delta\cos(\alpha-\Theta),\\ \sin\psi\cos P &= \cos\delta\sin(\alpha-\Theta),\\ \sin\psi\sin P &= \sin\delta,\\ \cos\psi'' &= \cos\delta''\cos(\alpha''-\Theta''),\\ \sin\psi''\cos P'' &= \cos\delta''\sin(\alpha''-\Theta''),\\ \sin\psi''\sin P'' &= \sin\delta'',\\ \cos\varphi &= \cos\zeta\cos(G-H),\\ \sin\varphi\cos\omega &= \cos\zeta\sin(G-H),\\ \sin\varphi\sin\omega &= \sin\zeta,\\ A = g\sin\varphi,\qquad & B = R\sin\psi,\qquad C = R''\sin\psi''. \end{aligned}\right.$$

et

(V) $$\left\{\begin{aligned} b &= h\cos\delta, & c &= g\cos\varphi - b\mathrm{R}\cos\psi,\\ b'' &= \frac{h}{\mathrm{M}}\cos\delta'', & c'' &= g\cos\varphi - b''\mathrm{R}''\cos\psi''.\end{aligned}\right.$$

(VI) *Résolution de l'équation d'Euler.*

$$\tau' = \mathrm{K}(t''-t), \qquad s = \frac{2\mathrm{K}(t''-t)}{\sqrt{r+r''}}\mu,$$

$$\log\mathrm{K} = 8{,}2355814.$$

Premier essai :

$$\mu = 1, \qquad (r+r'')_0 = 2, \qquad s = \tau'\sqrt{2},$$

$$u = \sqrt{2\tau'^2 - \mathrm{A}^2}, \qquad r_1 = \sqrt{\left(\frac{u+c}{b}\right)^2 + \mathrm{B}^2}, \qquad r''_1 = \sqrt{\left(\frac{u+c''}{b''}\right)^2 + \mathrm{B}''^2}.$$

Deuxième essai :

$$\eta = \frac{2\tau'}{(r+r'')_1^{\frac{3}{2}}}.$$

Les Tables VIII d'Oppolzer, que nous reproduisons plus loin, donnent $\log\mu$, avec l'argument η.

$$s = \frac{2\tau'\mu}{\sqrt{(r+r'')_1}}, \qquad u_1 = \sqrt{s^2 - \mathrm{A}^2}.$$

$$r_2 = \sqrt{\left(\frac{u_1+c}{b}\right)^2 + \mathrm{B}^2}, \qquad r''_2 = \sqrt{\left(\frac{u_1+c''}{b''}\right)^2 + \mathrm{B}''^2},$$

$$(r+r'')_2, \qquad \log(r+r'')_2.$$

S'il y a lieu on continue l'approximation comme il suit. On pose

$$\lambda_0 = \log(r+r'')_0, \qquad \Delta\lambda_0 = \lambda_1 - \lambda_0, \qquad \Delta^2\lambda_0 = \Delta\lambda_1 - \Delta\lambda_0,$$

$$\lambda_1 = \log(r+r'')_1, \qquad \Delta\lambda_1 = \lambda_2 - \lambda_1,$$

$$\lambda_2 = \log(r+r'')_2,$$

et l'on prend

$$\log(r+r'') = \lambda = \lambda_2 - \frac{(\Delta\lambda_1)^2}{\Delta^2\lambda_0}.$$

Avec cette valeur de $r+r''$ on fait un nouvel essai et ainsi de suite jusqu'à ce que la valeur trouvée pour $r+r''$ soit égale à celle dont on est parti.

On a ainsi

$$u,\quad \log s,\quad \log r,\quad \log r''.$$

$$\text{(VII)}\qquad \rho = \frac{u + g\cos\varphi}{h},\qquad \rho'' = \mathrm{M}\rho,$$

$$\text{(VIII)}\qquad \left\{\begin{aligned} r\cos b\cos(l-\Theta) &= \rho\cos(\alpha-\Theta) - \mathrm{R},\\ r\cos b\sin(l-\Theta) &= \rho\sin(\alpha-\Theta),\\ r\sin b &= \rho\,\mathrm{tang}\,\delta,\\ \rho &= \frac{u + g\cos\varphi}{h},\\ r''\cos b''\cos(l''-\Theta'') &= \rho''\cos(\alpha''-\Theta'') - \mathrm{R}'',\\ r''\cos b''\sin(l''-\Theta'') &= \rho''\sin(\alpha''-\Theta''),\\ r''\sin b'' &= \rho''\,\mathrm{tang}\,\delta'',\\ \rho'' &= \mathrm{M}\rho. \end{aligned}\right.$$

Première vérification. — Les valeurs de $\log r$, $\log r''$ obtenues par ces formules doivent coïncider avec celles que l'on a obtenues précédemment.

$$\text{(IX)}\qquad \left\{\begin{aligned} \mathrm{tang}\,i\sin(l-\Omega) &= \mathrm{tang}\,b,\\ \mathrm{tang}\,i\cos(l-\Omega) &= \frac{\mathrm{tang}\,b'' - \mathrm{tang}\,b\cos(l''-l)}{\sin(l''-l)},\qquad \mathrm{tang}\,i\sin(l''-l) > 0,\\ \mathrm{tang}\,i\sin(l''-\Omega) &= \mathrm{tang}\,b'',\\ \mathrm{tang}\,i\cos(l''-\Omega) &= \frac{\mathrm{tang}\,b - \mathrm{tang}\,b''\cos(l-l'')}{\sin(l-l'')}, \end{aligned}\right.$$

si l'on a $|\cos i| > \sin i$,

$$\text{(X)}\qquad \left\{\begin{aligned} \mathrm{tang}\,u &= \frac{\mathrm{tang}(l-\Omega)}{\cos i}, & \frac{\sin u}{\sin b} &> 0,\\ \mathrm{tang}\,u'' &= \frac{\mathrm{tang}(l''-\Omega)}{\cos i}, & \frac{\sin u''}{\sin b''} &> 0; \end{aligned}\right.$$

si l'on a $|\cos i| < \sin i$,

$$\text{(X')}\qquad \left\{\begin{aligned} \mathrm{tang}\,u &= \frac{\mathrm{tang}\,b}{\sin i\cos(l-\Omega)}, & \frac{\sin u}{\sin b} &> 0,\\ \mathrm{tang}\,u'' &= \frac{\mathrm{tang}\,b''}{\sin i\cos(l''-\Omega)}, & \frac{\sin u''}{\sin b''} &> 0. \end{aligned}\right.$$

Vérification importante :

$$\Sigma = \frac{1}{2}(r + r'' + s),\qquad \sin\frac{u''-u}{2} = \sqrt{\frac{(\Sigma - r)(\Sigma - r'')}{rr''}},$$

et

$$\text{(XI)}\quad \begin{cases} \dfrac{1}{\sqrt{q}}\cos\dfrac{v}{2} = \dfrac{1}{\sqrt{r}}, \\ \dfrac{1}{\sqrt{q}}\sin\dfrac{v}{2} = \dfrac{1}{\sqrt{r}}\cot\dfrac{u''-u}{2} - \dfrac{1}{\sqrt{r''}}\operatorname{cosec}\dfrac{u''-u}{2}, \end{cases}$$

$$\text{(XII)}\quad \begin{cases} v''-v = u''-u, \\ \omega = u - v = u'' - v'', \\ \varpi = \Omega + \omega. \end{cases}$$

Les Tables IV d'Oppolzer donnent $\mathfrak{M}$, $\mathfrak{M}''$, avec les arguments v, v'' :

$$\text{(XIII)}\quad \begin{cases} \mathrm{T} = t - \mathfrak{M} q^{\frac{3}{2}}, \\ \mathrm{T} = t'' - \mathfrak{M}'' q^{\frac{3}{2}}. \end{cases}$$

(XIV) *Calcul du lieu moyen et vérifications finales.*

$$\mathfrak{M}' = \frac{t' - \mathrm{T}}{q^{\frac{3}{2}}}.$$

On obtient v' avec les Tables IV d'Oppolzer et $\frac{v'}{\mathfrak{M}'} > 0$.

$$r' = \frac{q}{\cos^2\frac{v'}{2}},$$

$$u' = v' + \omega,$$

$$\rho'\cos(\alpha'_c - \Omega) = r'\cos u' - \mathrm{R}'\cos(\Theta' - \Omega),$$

$$\rho'\sin(\alpha'_c - \Omega) = r'\sin u'\cos i + \mathrm{R}'\sin(\Theta' - \Omega),$$

$$\rho'\operatorname{tang}\delta'_c = r'\sin u'\sin i.$$

En désignant par α'_0, δ'_0 les coordonnées observées, on a

$$\frac{(\alpha'_0 - \alpha'_c)\cos\delta'_0}{\delta'_0 - \delta'_c} = \frac{\operatorname{tang}(\alpha'_0 - \Theta')}{\sin\delta'_0}.$$

On n'emploie cette dernière formule que dans le cas où la différence $\delta'_0 - \delta'_c$ est assez notable.

Premier cas d'exception. — Nous avons vu que l'expression avec laquelle on calcule M (formule I) se présente sous la forme $\frac{0}{0}$ quand les trois positions apparentes de la comète sont dans un même plan passant par le Soleil. Dans ce cas, on calcule d'abord une première valeur approchée de M par la formule

$$\mathrm{M}_0 = \frac{t''-t'}{t'-t}\,\frac{\sin(\alpha'-\alpha)}{\sin(\alpha''-\alpha')},$$

et l'on continue les calculs jusqu'à l'équation d'Euler (formules II à V). On en déduit ρ, r, r'' et, par interpolation, r'. On obtient une valeur plus approchée de M

$$\mathrm{M} = \mathrm{M}_0 + \frac{1}{2}\rho\rho'\,\frac{\sin(\Theta'-\alpha')}{\sin(\alpha''-\alpha')}\,\frac{\mathrm{R}'}{\rho}\left(\frac{1}{r'^3}-\frac{1}{\mathrm{R}'^3}\right),$$

et l'on emploie ensuite les mêmes formules que dans le cas général.

Deuxième cas d'exception. — Quand les différences $\alpha'-\alpha$ et $\alpha''-\alpha$ sont très petites, c'est-à-dire quand la longitude de la comète varie lentement dans l'intervalle des observations, on détermine une première valeur approchée de M,

$$\mathrm{M}_0 = \frac{t''-t'}{t'-t}\,\frac{\tang\delta\cos(\alpha-\Theta')-\tang\delta'\cos(\alpha'-\Theta')}{\tang\delta''\cos(\alpha'-\Theta')-\tang\delta'\cos(\alpha''-\Theta')};$$

on forme encore l'équation d'Euler avec les formules de II à V du cas général; on en déduit ρ, r, r'' et r' par interpolation. On obtient ensuite une valeur plus approchée de M

$$\mathrm{M} = \mathrm{M}_0 - \frac{1}{2}\rho\rho'\,\frac{\tang\delta'}{\tang\delta''\cos(\alpha'-\Theta')-\tang\delta'\cos(\alpha''-\Theta')}\left(\frac{1}{r'^3}-\frac{1}{\mathrm{R}'^3}\right)\frac{\mathrm{R}'}{\rho'},$$

et l'on est ramené au cas général.

13. **Calcul de l'éphéméride d'une comète.** — On détermine, avec les éléments, les ascensions droites et les déclinaisons de la comète à des intervalles de temps égaux, généralement de quatre en quatre jours, et pour minuit, temps moyen de Paris.

Considérons une figure héliocentrique et soient x', y', z' les coordonnées de la comète. Avec les notations habituelles, on a

$$\frac{x'}{r} = \cos(x'\mathrm{M}) = \cos\Omega\cos u - \sin\Omega\sin u\cos i,$$

$$\frac{y'}{r} = \cos(y'\mathrm{M}) = \sin\Omega\cos u + \cos\Omega\sin u\cos i,$$

$$\frac{z'}{r} = \cos(z'\mathrm{M}) = \sin u\sin i.$$

D'autre part, en désignant par ε l'obliquité moyenne de l'écliptique, par x, y,

z les coordonnées héliocentriques équatoriales de la comète, on a

$$\left\{\begin{aligned} x &= x', \\ y &= y'\cos\varepsilon - z'\sin\varepsilon, \\ z &= y'\sin\varepsilon + z'\cos\varepsilon, \end{aligned}\right.$$

ou encore

$$\left\{\begin{aligned} \frac{x}{r} &= \cos u\cos\Omega - \sin u\sin\Omega\cos i, \\ \frac{y}{r} &= \cos u\sin\Omega\cos\varepsilon + \sin u(\cos\Omega\cos i\cos\varepsilon - \sin i\sin\varepsilon), \\ \frac{z}{r} &= \cos u\sin\Omega\sin\varepsilon + \sin u(\cos\Omega\cos i\sin\varepsilon + \sin i\cos\varepsilon). \end{aligned}\right.$$

On introduit les constantes de Gauss A, B, C, a, b, c en posant

$$\left\{\begin{aligned} \cos\Omega &= \sin a\sin A \\ -\sin\Omega\cos i &= \sin a\cos A \end{aligned}\right. \qquad \sin a > 0,$$

$$\left\{\begin{aligned} \sin\Omega\cos\varepsilon &= \sin b\sin B \\ \cos\Omega\cos i\cos\varepsilon - \sin i\sin\varepsilon &= \sin b\cos B \end{aligned}\right. \qquad \sin b > 0,$$

$$\left\{\begin{aligned} \sin\Omega\sin\varepsilon &= \sin c\sin C \\ \cos\Omega\cos i\cos\varepsilon + \sin i\cos\varepsilon &= \sin c\cos C \end{aligned}\right. \qquad \sin c > 0.$$

On en déduit

$$(1)\qquad \left\{\begin{aligned} &\cot A = -\tan\Omega\cos i, && \sin a = \frac{\cos\Omega}{\sin A}, \\ &\tan N = \frac{\tan i}{\cos\Omega}, && \\ &\cot B = \frac{\cos i\cos(N+\varepsilon)}{\tan\Omega\cos N\cos\varepsilon}, && \sin b = \frac{\sin\Omega\cos\varepsilon}{\sin B}, \\ &\cot C = \frac{\cos i\sin(N+\varepsilon)}{\tan\Omega\cos N\sin\varepsilon}, && \sin c = \frac{\sin\Omega\sin\varepsilon}{\sin C}. \end{aligned}\right.$$

On choisit A, B, C de façon que $\sin a$, $\sin b$, $\sin c$ soient positifs; le cadran de N est arbitraire; i, Ω, ε sont rapportés à l'équinoxe et à l'écliptique de janvier o de l'année. On vérifie les calculs par la formule

$$(2)\qquad \tan i = \frac{\sin b\sin c\sin(C-B)}{\sin a\cos A}.$$

En introduisant les constantes de Gauss dans les expressions de x, y, z, on trouve

$$(3)\qquad \left\{\begin{aligned} x &= r\sin a\sin(u+A), \\ y &= r\sin b\sin(u+B), \\ z &= r\sin c\sin(u+C). \end{aligned}\right.$$

L'argument de la latitude et le rayon vecteur r sont déterminés par les équations (4)

$$\mathfrak{M} = \frac{t - \mathrm{T}}{q^{\frac{3}{2}}};$$

on obtient v avec les Tables IV d'Oppolzer

$$r = \frac{q}{\cos^2\frac{v}{2}},$$

$$\varpi = \pi - \Omega,$$

$$u = v + \varpi.$$

Soient X, Y, Z les coordonnées moyennes du Soleil; on les trouve dans la *Connaissance des Temps* pour midi et minuit moyens; ρ la distance de la comète à la Terre, $\mathcal{D}$ sa déclinaison, $\mathcal{A}$ son ascension droite.

En projetant sur chacun des axes de coordonnées le triangle formé par le Soleil, la Terre et la comète, on trouve les trois équations suivantes qui déterminent ρ, $\mathcal{A}$, $\mathcal{D}$

$$(5)\qquad \left\{\begin{aligned} \rho\cos\mathcal{D}\cos\mathcal{A} &= x + \mathrm{X},\\ \rho\cos\mathcal{D}\sin\mathcal{A} &= y + \mathrm{Y},\\ \rho\sin\mathcal{D} &= z + \mathrm{Z}.\end{aligned}\right.$$

On passe à l'équinoxe vrai du jour en ajoutant les corrections

$$(6)\qquad \left\{\begin{aligned} \delta\mathcal{A} &= f + g\sin(\mathrm{G} + \mathcal{A})\,\mathrm{tang}\,\mathcal{D},\\ \delta\mathcal{D} &= g\cos(\mathrm{G} + \mathcal{A}).\end{aligned}\right.$$

On a ainsi les $\mathcal{A}$ et les $\mathcal{D}$ calculés. Pour les comparer aux coordonnées observées, il faut encore tenir compte de l'aberration, comme nous l'avons dit plus haut.

On calcule habituellement les valeurs de $\delta\mathcal{A}$ et de $\delta\mathcal{D}$, de huit en huit jours, et l'on interpole.

On convertit les ascensions droites corrigées en heures, minutes et secondes de temps, avec les Tables VIII de la *Connaissance des Temps*.

CHAPITRE II.

MÉTHODE DE GAUSS POUR LA DÉTERMINATION DE L'ORBITE D'UNE PLANÈTE AVEC TROIS OBSERVATIONS.

1. Soient

t, t', t'' les temps des observations;
$\alpha, \alpha', \alpha''$ les longitudes;
β, β', β'' les latitudes géocentriques de la planète;
ρ, ρ', ρ'' ses distances à la Terre;
L, L', L'' les longitudes du Soleil;
R, R', R'' ses distances à la Terre.

Nous désignons encore par $[rr']$, $[r'r'']$, $[rr'']$ les doubles des aires des triangles rectilignes, formés par le Soleil et deux des positions M, M', M'' de la planète.

En écrivant que les trois points M, M', M'' sont dans un même plan passant par le centre de gravité du Soleil, on trouve, par des transformations identiques à celles du paragraphe de la méthode d'Olbers, que l'on a

$$(1)\quad \left\{\begin{aligned} &[r'r''](\rho\cos\beta\cos\alpha - R\cos L) - [rr''](\rho'\cos\beta'\cos\alpha' - R'\cos L') \\ &\qquad + [rr'](\rho''\cos\beta''\cos\alpha'' - R''\cos L'') = 0, \\ &[r'r''](\rho\cos\beta\sin\alpha - R\sin L) - [rr''](\rho'\cos\beta'\sin\alpha' - R'\sin L') \\ &\qquad + [rr'](\rho''\cos\beta''\sin\alpha'' - R''\sin L'') = 0, \\ &[r'r''](\rho\cos\beta)\operatorname{tang}\beta - [rr''](\rho'\cos\beta')\operatorname{tang}\beta' + [rr'](\rho''\cos\beta'')\operatorname{tang}\beta'' = 0. \end{aligned}\right.$$

Posons

$$n = \frac{[r'r'']}{[rr'']}, \qquad n'' = \frac{[rr']}{[rr'']}.$$

En résolvant les équations (1) par rapport à $\rho\cos\beta$, $\rho'\cos\beta'$, $\rho''\cos\beta''$, on trouve

$$K\rho'\cos\beta' = nA + n''B - C, \tag{2}$$

$$(3)\quad \left\{\begin{aligned} K &= \operatorname{tang}\beta\sin(\alpha''-\alpha') - \operatorname{tang}\beta'\sin(\alpha''-\alpha') + \operatorname{tang}\beta''\sin(\alpha'-\alpha),\\ A &= R\,[\operatorname{tang}\beta''\sin(\alpha-L) - \operatorname{tang}\beta\sin(\alpha''-L)],\\ B &= R''[\operatorname{tang}\beta''\sin(\alpha-L'') - \operatorname{tang}\beta\sin(\alpha''-L'')],\\ C &= R'[\operatorname{tang}\beta''\sin(\alpha-L') - \operatorname{tang}\beta\sin(\alpha''-L')]. \end{aligned}\right.$$

En considérant les différences $\alpha''-\alpha$, $\beta''-\beta$, $L'-L$, $L''-L'$, $R'-R$, $R''-R'$ comme de petites quantités du premier ordre, on voit que A, B, C sont du premier ordre et que les différences $A-B$, $B-C$ sont du deuxième ordre. Nous allons démontrer que K est du troisième ordre.

Désignons par C, C′, C″ les points où les rayons menés de la Terre aux positions de la planète percent la sphère de rayon unité et dont le centre est en T. Soient ξ, η, ζ; ξ', η', ζ'; ξ'', η'', ζ'' les coordonnées rectangulaires géocentriques de C, C′, C″, le plan des xy étant le plan de l'écliptique.

On a

$$\xi = \cos\beta\cos\alpha,\qquad \eta = \cos\beta\sin\alpha,\qquad \zeta = \sin\beta,$$

$$K\cos\beta\cos\beta'\cos\beta'' = \zeta(\eta''\xi'-\eta'\xi'') + \zeta'(\eta\xi''-\eta''\xi) + \zeta''(\eta'\xi-\eta\xi').$$

Au signe près, le second membre représente six fois le volume du tétraèdre TCC′C″.

$$(4)\quad \left\{\begin{aligned} K = {} & (\operatorname{tang}\beta - 2\operatorname{tang}\beta' + \operatorname{tang}\beta'')\sin(\alpha''-\alpha')\\ & + (\operatorname{tang}\beta''-\operatorname{tang}\beta')[\sin(\alpha'-\alpha) - \sin(\alpha''-\alpha')]\\ & + \operatorname{tang}\beta'[\sin(\alpha''-\alpha') + \sin(\alpha-\alpha'') + \sin(\alpha'-\alpha)], \end{aligned}\right.$$

ou encore

$$\begin{aligned} K = {} & (\operatorname{tang}\beta - 2\operatorname{tang}\beta' + \operatorname{tang}\beta'')\sin(\alpha''-\alpha')\\ & + 2(\operatorname{tang}\beta''-\operatorname{tang}\beta')\sin\left(\alpha' - \frac{\alpha+\alpha''}{2}\right)\cos\frac{\alpha''-\alpha}{2}\\ & - 4\operatorname{tang}\beta'\sin\frac{\alpha''-\alpha'}{2}\sin\frac{\alpha-\alpha'}{2}\sin\frac{\alpha-\alpha''}{2}. \end{aligned}$$

Or, on a

$$\alpha'' = \alpha' + (t''-t')\frac{d\alpha'}{dt} + \frac{(t''-t')^2}{1.2}\frac{d^2\alpha'}{dt^2} + \ldots,$$

$$\alpha = \alpha' + (t-t')\frac{d\alpha'}{dt} + \frac{(t-t')^2}{1.2}\frac{d^2\alpha'}{dt^2} + \ldots,$$

$$\operatorname{tang}\beta'' = \operatorname{tang}\beta' + (t''-t')\frac{d\operatorname{tang}\beta'}{dt} + \frac{(t''-t')^2}{2}\frac{d^2\operatorname{tang}\beta'}{dt^2} + \ldots,$$

$$\operatorname{tang}\beta = \operatorname{tang}\beta' + (t-t')\frac{d\operatorname{tang}\beta'}{dt} + \frac{(t-t')^2}{2}\frac{d^2\operatorname{tang}\beta'}{dt^2} + \ldots.$$

d'où

$$\operatorname{tang}\beta + \operatorname{tang}\beta'' - 2\operatorname{tang}\beta' = (t + t'' - 2t')\frac{d\operatorname{tang}\beta'}{dt} + \ldots,$$

$$\alpha + \alpha'' - 2\alpha' = (t + t'' - 2t')\frac{d\alpha'}{dt} + \ldots,$$

$$(\operatorname{tang}\beta + \operatorname{tang}\beta'' - 2\operatorname{tang}\beta')\sin(\alpha'' - \alpha') = (t'' - t')(t + t'' - 2t')\frac{d\alpha'}{dt}\frac{d\operatorname{tang}\beta'}{dt} + \ldots,$$

$$2(\operatorname{tang}\beta'' - \operatorname{tang}\beta')\sin\left(\alpha' - \frac{\alpha + \alpha''}{2}\right) = -(t'' - t')(t + t'' - 2t')\frac{d\alpha'}{dt}\frac{d\operatorname{tang}\beta'}{dt} + \ldots$$

En portant dans l'équation (4), on voit que les deux premiers termes de K sont du deuxième ordre et le dernier du troisième; mais les parties du deuxième ordre dans les deux premiers se détruisent; donc K est bien du troisième ordre.

Nous avons trouvé précédemment que l'expression $K\cos\beta\cos\beta'\cos\beta''$ était égale à six fois le volume du tétraèdre TCC'C''. Le rayon de la sphère étant égal

Fig. 7.

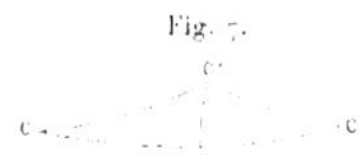

à 1, ce volume est $\frac{1}{2}\sin CC'' \times \frac{1}{3}\sin C'I$, en désignant par C'I l'arc de grand cercle perpendiculaire à CC'' et passant par C'. Donc

$$K\cos\beta\cos\beta'\cos\beta'' = 6 \times \frac{1}{2}\sin CC'' \times \frac{1}{3}\sin C'I.$$

Or CC'' est du premier ordre; donc C'I doit être du deuxième ordre.

2. **Expression de ρ et ρ'' en fonction de ρ'.** — En retranchant α'' de toutes les longitudes, les équations (1) deviennent

$$(5)\quad \begin{cases} n\rho\cos\beta\cos(\alpha - \alpha'') + n''\rho''\cos\beta'' - \rho'\cos\beta'\cos(\alpha' - \alpha'') \\ \quad = nR\cos(L - \alpha'') + n''R''\cos(L'' - \alpha'') - R'\cos(L' - \alpha''), \end{cases}$$

$$(6)\quad n\rho\sin\beta + n''\rho''\sin\beta'' - \rho'\sin\beta' = 0,$$

$$(7)\quad \begin{cases} n\rho\cos\beta\sin(\alpha - \alpha'') - \rho'\cos\beta'\sin(\alpha' - \alpha'') \\ \quad = nR\sin(L - \alpha'') + n''R''\sin(L'' - \alpha'') - R'\sin(L' - \alpha''). \end{cases}$$

En éliminant ρ'' entre (5) et (6), il vient

$$(8)\quad \begin{cases} n\rho[\sin\beta''\cos\beta\cos(\alpha - \alpha'') - \sin\beta\cos\beta''] \\ - \rho'[\sin\beta''\cos\beta'\cos(\alpha' - \alpha'') - \sin\beta'\cos\beta''] \\ \quad = \sin\beta''[nR\cos(L - \alpha'') + n''R''\cos(L'' - \alpha'') - R'\cos(L' - \alpha'')]. \end{cases}$$

On peut appliquer les équations (7) et (8) à la Terre; il faut, pour cela, annuler ρ, ρ', ρ''; remplacer L, L′, L″ par $180^\circ + L$, $180^\circ + L'$, $180^\circ + L''$; n et n'' par

$$N = \frac{[R'R'']}{[RR'']} = \frac{R' \sin(L'' - L')}{R \sin(L'' - L)}.$$

On trouve ainsi

$$(7') \qquad 0 = NR \sin(L - \alpha'') + N''R'' \sin(L'' - \alpha'') - R' \sin(L' - \alpha''),$$

$$(8') \qquad 0 = NR \cos(L - \alpha'') + N''R'' \cos(L'' - \alpha'') - R' \cos(L' - \alpha'').$$

Ces dernières formules peuvent d'ailleurs être établies directement.

Des équations (7) et (7′) d'une part, (8) et (8′) de l'autre, on déduit aisément

$$(9) \qquad \begin{cases} n\rho \cos\beta \sin(\alpha - \alpha'') - \rho' \cos\beta' \sin(\alpha' - \alpha'') \\ \qquad = (n - N) R \sin(L - \alpha'') + (n'' - N'') R'' \sin(L'' - \alpha''), \end{cases}$$

$$(10) \qquad \begin{cases} n\rho\,[\sin\beta'' \cos\beta \cos(\alpha - \alpha'') - \sin\beta \cos\beta''] \\ - \rho'[\sin\beta'' \cos\beta' \cos(\alpha' - \alpha'') - \sin\beta' \cos\beta''] \\ \qquad = \sin\beta''[(n - N) R \cos(L - \alpha'') + (n'' - N'') R'' \cos(L'' - \alpha'')]. \end{cases}$$

Pour rendre ces formules calculables par logarithmes, on pose

$$(11) \qquad \begin{cases} \cos\beta \sin(\alpha'' - \alpha) = \sin\Delta' \sin W, \\ \sin\beta \cos\beta'' - \sin\beta'' \cos\beta \cos(\alpha'' - \alpha) = \sin\Delta' \cos W, \end{cases}$$

$$(12) \qquad \begin{cases} \cos\beta' \sin(\alpha'' - \alpha') = \sin\Delta \sin W_0, \\ \sin\beta' \cos\beta'' - \cos\beta' \sin\beta'' \cos(\alpha'' - \alpha') = \sin\Delta \cos W_0. \end{cases}$$

On assujettit, en outre, Δ et Δ' aux conditions $\sin\Delta > 0$, $\sin\Delta' > 0$.

Les équations (11) et (12) déterminent sans ambiguïté Δ, Δ', W, W_0.

Les équations (9) et (10) deviennent ainsi

$$\begin{aligned} n\rho \sin\Delta' \sin W = {} & \rho' \sin\Delta \sin W_0 \\ & + (N - n) R \sin(\alpha'' - L) - (N'' - n'') R'' \sin(\alpha'' - L''), \\ n\rho \sin\Delta' \cos W = {} & \rho' \sin\Delta \cos W_0 \\ & + [(N - n) R \cos(\alpha'' - L) + (N'' - n'') R'' \cos(\alpha'' - L'')] \sin\beta''. \end{aligned}$$

En multipliant ces équations par $\sin W$, $\cos W$ et en les ajoutant, on trouve

$$\begin{aligned} n\rho \sin\Delta' = {} & \rho' \sin\Delta \cos(W_0 - W) \\ & + (N - n) R\,[\cos(\alpha'' - L) \sin\beta'' \cos W - \sin(\alpha'' - L) \sin W] \\ & + (N'' - n'') R''[\cos(\alpha'' - L'') \sin\beta'' \cos W - \sin(\alpha'' - L'') \sin W]. \end{aligned}$$

Si l'on pose

$$(13)\qquad \begin{cases} \sin\beta''\cos W = f_1\sin F, \\ -\sin W = f_1\cos F, \end{cases} \qquad \text{avec la condition } f_1 > 0,$$

il vient

$$n\rho\sin\Delta' = \rho'\sin\Delta\cos(W_0 - W) + (N - n)R f_1\sin(\alpha'' - L + F)$$
$$+ (N'' - n'')R'' f_1\sin(\alpha'' - L'' + F).$$

Posons enfin

$$(14)\qquad \begin{cases} a_0 = \dfrac{f_1 R}{\sin\Delta'}\sin(\alpha'' - L + F), \\ b_0 = \dfrac{f_1 R''}{\sin\Delta'}\sin(\alpha'' - L'' + F), \\ c_0 = \dfrac{\sin\Delta}{\sin\Delta'}\cos(W_0 - W), \end{cases}$$

il viendra

$$(15)\qquad n\rho = c_0\rho' + (N - n)a_0 + (N'' - n'')b_0.$$

On fera un calcul analogue pour obtenir ρ'' ; on sera ainsi conduit à poser

$$(11'')\qquad \begin{cases} \cos\beta''\sin(\alpha'' - \alpha) = \sin\Delta'\sin W'', \\ \sin\beta''\cos\beta - \cos\beta''\sin\beta\cos(\alpha'' - \alpha) = \sin\Delta'\cos W'', \end{cases} \qquad \sin\Delta' > 0,$$

$$(12'')\qquad \begin{cases} \cos\beta'\sin(\alpha' - \alpha) = \sin\Delta''\sin W''_0, \\ \sin\beta'\cos\beta - \cos\beta'\sin\beta\cos(\alpha' - \alpha) = \sin\Delta''\cos W''_0, \end{cases} \qquad \sin\Delta'' > 0,$$

$$(13'')\qquad \begin{cases} \sin\beta\cos W'' = f''_1\sin F'', \\ -\sin W'' = f''_1\cos F'', \end{cases} \qquad f''_1 > 0,$$

$$(14'')\qquad \begin{cases} a''_0 = \dfrac{f''_1 R}{\sin\Delta''}\sin(\alpha - L + F''), \\ b''_0 = \dfrac{f''_1 R''}{\sin\Delta''}\sin(\alpha - L'' + F''), \\ c''_0 = \dfrac{\sin\Delta'}{\sin\Delta''}\cos(W''_0 - W''). \end{cases}$$

On trouvera

$$n''\rho'' = c''_0\rho' + (N - n)a''_0 + (N'' - n'')b''_0.$$

Remarques. — 1° De l'équation (11), on déduit

$$(16)\qquad \sin^2\Delta' = \cos^2\beta\sin^2(\alpha'' - \alpha) + \{\sin\beta\cos\beta'' - \sin\beta''\cos\beta\cos(\alpha'' - \alpha)\}^2.$$

Le second membre doit être moindre que 1 ; cela a lieu, car il est du deuxième ordre.

2° On déduit encore de l'équation (11'')

$$(17)\qquad \sin^2\Delta' = \cos^2\beta''\sin^2(\alpha''-\alpha) + \{\sin\beta''\cos\beta - \cos\beta''\sin\beta\cos(\alpha''-\alpha)\}^2.$$

Les deux expressions (16) et (17) de $\sin^2\Delta'$ doivent être égales; or, on tire de (16)

$$(18)\qquad \sin^2\Delta' = 1 - \{\sin\beta\sin\beta'' + \cos\beta\cos\beta''\cos(\alpha''-\alpha)\}^2;$$

la formule (17) conduirait au même résultat. On voit en même temps que $\sin^2\Delta'$ est bien moindre que 1.

On tire aussi des équations (12'')

$$(19)\qquad \sin^2\Delta'' = 1 - \{\sin\beta\sin\beta' + \cos\beta\cos\beta'\cos(\alpha'-\alpha)\}^2.$$

Interprétation géométrique de Δ' et Δ''. — Soient Q le pôle de l'écliptique, C, C', C'' les trois positions de la planète; considérons les triangles QCC', QC'C'', QC''C.

Fig. 8.

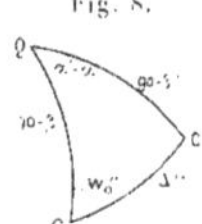

Fig. 9.

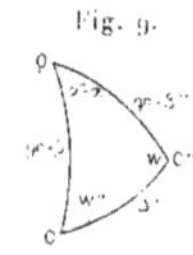

Fig. 10.

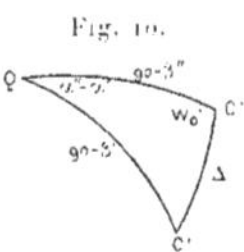

La formule (19) montre que $\Delta'' = CC'$. On a ensuite

$$\frac{\sin(\alpha'-\alpha)}{\sin\Delta''} = \frac{\cos\beta'}{\sin QCC'},$$

en comparant avec (12'') on voit que

$$\sin QCC' = \sin W''_0.$$

La seconde des formules (12'') donnerait

$$\cos QCC' = \cos W''_0,$$

donc

$$QCC' = W''_0;$$

de même pour les autres angles.

3. **Introduction de valeurs approchées pour n et n.** — Soient η, η', η'' les rapports des trois secteurs aux trois triangles correspondants

$$\eta = \frac{\tau\sqrt{p}}{[r'r'']},\qquad \eta' = \frac{\tau'\sqrt{p}}{[r''r]},\qquad \eta'' = \frac{\tau''\sqrt{p}}{[rr']};$$

d'où

$$n = \frac{[r'r'']}{[rr'']} = \frac{\vartheta}{\vartheta'}\frac{\eta'}{\eta}, \qquad n'' = \frac{[rr']}{[rr'']} = \frac{\vartheta''}{\vartheta'}\frac{\eta'}{\eta''}.$$

On pose

$$\frac{\eta'}{\eta} = 1 + \frac{Y''}{2r'^3}, \qquad \frac{\eta'}{\eta''} = 1 + \frac{Y}{2r'^3},$$

d'où

(20) $$Y'' = 2r'^3\left(\frac{\eta'}{\eta} - 1\right), \qquad Y = 2r'^3\left(\frac{\eta'}{\eta''} - 1\right).$$

(21) $$n = \frac{\vartheta}{\vartheta'}\left(1 + \frac{Y''}{2r'^3}\right), \qquad n'' = \frac{\vartheta''}{\vartheta'}\left(1 + \frac{Y}{2r'^3}\right).$$

En remplaçant n et n'' par leurs développements en séries, il vient

(22) $$\begin{cases} Y'' = \dfrac{\vartheta'^2 - \vartheta^2}{3} + \vartheta''\dfrac{\vartheta''^2 + \vartheta\vartheta'' - \vartheta^2}{2r'}\dfrac{dr'}{K\,dt} + \ldots, \\[2ex] Y = \dfrac{\vartheta'^2 - \vartheta''^2}{3} - \vartheta\dfrac{\vartheta^2 + \vartheta\vartheta'' - \vartheta''^2}{2r'}\dfrac{dr'}{K\,dt} + \ldots \end{cases}$$

L'équation (2) devient, en ayant égard à (21),

$$\begin{aligned} K\rho'\cos\beta' + C &= \frac{A\vartheta}{\vartheta'}\left(1 + \frac{Y''}{2r'^3}\right) + B\frac{\vartheta''}{\vartheta'}\left(1 + \frac{Y}{2r'^3}\right) \\ &= \frac{A\vartheta + B\vartheta''}{\vartheta + \vartheta''}\left(1 + \frac{1}{2r'^3}\frac{A\vartheta Y'' + B\vartheta'' Y}{A\vartheta + B\vartheta''}\right). \end{aligned}$$

On pose

(23) $$\frac{\vartheta''}{\vartheta} = P, \qquad \frac{AY'' + BPY}{A + PB} = Q;$$

il vient

(24) $$K\rho'\cos\beta' + C = \frac{A + PB}{1 + P}\left(1 + \frac{Q}{2r'^3}\right).$$

4. On obtient une valeur approchée de Q en y remplaçant Y, Y″ par leurs valeurs approchées (22); on trouve

$$\begin{aligned} Q(A + BP) &= \tfrac{1}{3}[A(\vartheta'^2 - \vartheta^2) + PB(\vartheta'^2 - \vartheta''^2)] \\ &\quad + \frac{1}{2r'}\frac{dr'}{K\,dt}[A\vartheta''(\vartheta''^2 - \vartheta^2 + \vartheta\vartheta'') + PB\vartheta(\vartheta''^2 - \vartheta^2 - \vartheta\vartheta'')] + \ldots, \\ Q(A\vartheta + B\vartheta'') &= \frac{\vartheta\vartheta''}{3}[A(2\vartheta + \vartheta'') + B(2\vartheta'' + \vartheta)] \\ &\quad + \frac{1}{2r'}\frac{dr'}{K\,dt}[(A + B)(\vartheta''^2 - \vartheta^2) + (A - B)\vartheta\vartheta''] + \ldots. \end{aligned}$$

et

$$(25)\quad \left\{\begin{aligned} Q = \rho\rho''\Bigg[1 &+ \frac{(A-B)(\rho''-\rho)}{A\rho+B\rho''} \\ &+ \frac{1}{2r'}\frac{dr'}{K\,dt}\frac{(A+B)(\rho''^2-\rho^2)+(A-B)\rho\rho''}{A\rho+B\rho''}+\ldots\Bigg].\end{aligned}\right.$$

A et B sont du premier ordre, A − B est du deuxième ordre. Donc

$$\frac{(A-B)(\rho''-\rho)}{A\rho+B\rho''} \quad \text{est du premier ordre.}$$

$$\frac{(A+B)(\rho''^2-\rho^2)}{A\rho+B\rho''} \quad \text{est du premier ordre,}$$

$$\frac{(A-B)\rho\rho''}{A\rho+B\rho''} \quad \text{est du deuxième ordre.}$$

On pourra donc prendre comme première valeur approchée de Q,

$$Q_0 \equiv \rho\rho''.$$

Cette valeur sera en erreur d'une petite quantité du troisième ordre, ou même du quatrième ordre, si les observations sont équidistantes.

5. **Remarque.** — On a

$$\frac{dr'}{K\,dt} = \frac{A}{\sqrt{p}}e\sin w',$$

$$\frac{1}{r'}\frac{dr'}{K\,dt} = \frac{(1+e\cos w')e\sin w'}{p^{\frac{3}{2}}};$$

soit x le rapport des deux premiers termes de Q

$$x = \frac{1}{2r'}\frac{dr'}{K\,dt}\frac{(A+B)(\rho''^2-\rho^2)}{A\rho+B\rho''} : \frac{(A-B)(\rho''-\rho)}{A\rho+B\rho''}$$

$$= e\sin w'\frac{1+e\cos w'}{2p^{\frac{3}{2}}}\frac{(A+B)\rho'}{A-B}.$$

Pour déterminer l'ordre de grandeur de x on peut prendre les valeurs

$$A+B = C = R'[\tang \beta''\sin(\alpha-L') - \tang \beta\sin(\alpha''-L')],$$

$$R''\cos L'' = R'\cos L' - R'\sin L'\frac{dL'}{dt}(t''-t'),$$

$$R\cos L = R'\cos L' - R'\sin L'\frac{dL'}{dt}(t-t'),$$

$$R''\cos L'' - R\cos L = -R'\sin L'\frac{dL'}{dt}(t''-t)$$

$$= -R'\sin L'\frac{K\sqrt{p}}{R'^2}(t''-t).$$

ou encore

$$R''\cos L'' - R\cos L = -\frac{\sqrt{p}\,\theta'}{R'}\sin L'.$$

On trouverait de même

$$R''\sin L'' - R\sin L = +\frac{\sqrt{p}\,\theta'}{R'}\cos L'.$$

Il en résulte

$$A - B = \frac{\theta'\sqrt{p}}{R'}[\operatorname{tang}\beta''\cos(\alpha - L') - \operatorname{tang}\beta\cos(\alpha'' - L')].$$

En remplaçant $A + B$ et $A - B$ par ces valeurs approchées dans x, on trouve

$$x = \frac{1}{2}e\sin w'(1 + e\cos w')\left(\frac{R'}{p}\right)^{\frac{3}{2}}\frac{\operatorname{tang}\beta''\sin(\alpha - L') - \operatorname{tang}\beta\sin(\alpha'' - L')}{\operatorname{tang}\beta''\cos(\alpha - L') - \operatorname{tang}\beta\cos(\alpha'' - L')},$$

et, e étant petit, $\left(\frac{R'}{p}\right)^{\frac{3}{2}}$ est voisin de $\frac{1}{3}$.

Le rapport x sera généralement petit, de sorte qu'il sera avantageux de prendre, en première approximation, pour Q la valeur approchée

$$Q = \theta\theta''\left[1 + \frac{(A - B)(\theta'' - \theta)}{A\theta + B\theta''}\right].$$

Quand les observations sont équidistantes, la seconde partie disparait. $\theta\theta''$ est alors une valeur approchée de Q, au quatrième ordre près.

6. **Autre remarque**. — L'équation (24) peut s'écrire

$$(26)\qquad K\rho'\cos\beta' - \frac{C\theta' - A\theta - B\theta''}{\theta'} + \frac{A\theta + B\theta''}{\theta'}\,\frac{Q}{2r'^3} = 0.$$

Le premier terme et le dernier sont du troisième ordre : il doit en être de même du deuxième terme. Pour le vérifier, remplaçons-y A, B, C par leurs valeurs données par les formules (3). On trouve ainsi

$$\begin{aligned}C\theta' - A\theta - B\theta'' = {} & (\operatorname{tang}\beta''\sin\alpha - \operatorname{tang}\beta\sin\alpha'')(\theta' R'\cos L' - \theta R\cos L - \theta'' R''\cos L'')\\ & - (\operatorname{tang}\beta''\cos\alpha - \operatorname{tang}\beta\cos\alpha'')(\theta' R'\sin L' - \theta R\sin L - \theta'' R''\sin L'').\end{aligned}$$

Or on a

$$R\cos L = R'\cos L' - \frac{\theta''}{K}\frac{d(R'\cos L')}{dt} + \frac{1}{2}\frac{\theta''^2}{K^2}\frac{d^2(R'\cos L')}{dt^2} - \ldots,$$

$$R''\cos L'' = R'\cos L' + \frac{\theta}{K}\frac{d(R'\cos L')}{dt} + \frac{1}{2}\frac{\theta^2}{K^2}\frac{d^2(R'\cos L')}{dt^2} + \ldots.$$

d'où

$$\theta R\cos L + \theta'' R''\cos L'' - \theta' R'\cos L' = \frac{1}{2}\theta\theta'\theta''\frac{d^2(R'\cos L')}{dt^2} = -\frac{1}{2}\theta\theta'\theta''\frac{\cos L'}{R'^3}.$$

On trouverait de même

$$\theta R\sin L + \theta'' R''\sin L'' - \theta' R'\sin L' = -\frac{1}{2}\theta\theta'\theta''\frac{\sin L'}{R'^3}.$$

On en déduit que

$$\begin{aligned}
&C\theta' - A\theta - B\theta'' \\
&\quad = \frac{\theta\theta'\theta''}{2R'^3}[(\operatorname{tang}\beta''\sin\alpha - \operatorname{tang}\beta\sin\alpha'')\cos L' - (\operatorname{tang}\beta''\cos\alpha - \operatorname{tang}\beta\cos\alpha'')\sin L'],\\
&\frac{C\theta' - A\theta - B\theta''}{\theta'} = \theta\theta''\frac{C}{2R'^3}.
\end{aligned}$$

L'équation (26) peut donc s'écrire, en première approximation,

$$K\rho'\cos\beta' + \frac{C\theta\theta''}{2R'^3} - \frac{C\theta\theta''}{2r'^3} = 0,$$

$$K\rho'\cos\beta' = \frac{1}{2}\theta\theta'' C\left(\frac{1}{r'^3} - \frac{1}{R'^3}\right). \tag{27}$$

On retrouve ainsi l'équation fondamentale de la méthode de Laplace, dont nous parlerons plus loin.

7. Marche à suivre pour faire les calculs. — *Première approximation.* — Les quantités A, B, C, K et P étant déterminées par les formules (3) et (23), on calcule un premier système de valeurs approchées ρ'_0, r'_0; ρ_0, ρ''_0 de ρ, r'; ρ, ρ'' par les formules

$$\left\{\begin{aligned}
&Q_0 = \theta\theta''\left[1 + \frac{(A - B)(P - 1)}{A + BP}\right],\\
&K\rho'_0\cos\beta' + C = \frac{A + BP}{1 + P}\left(1 + \frac{Q_0}{2r'^3_0}\right),\\
&r'^2_0 = \rho'^2_0 + R'^2 - 2\rho'_0 R'\cos\beta'\cos(\alpha' - L'),\\
&Y_0 = \frac{\theta'^2 - \theta''^2}{3}, \qquad Y''_0 = \frac{\theta'^2 - \theta^2}{3},\\
&n_0 = \frac{\theta}{\theta'}\left(1 + \frac{Y''_0}{2r'^3}\right), \qquad n''_0 = \frac{\theta''}{\theta'}\left(1 + \frac{Y_0}{2r'^3}\right),\\
&n_0\rho_0 = c_0\rho'_0 + (N - n_0)a_0 + (N'' - n''_0)b_0,\\
&n''_0\rho''_0 = c''_0\rho'_0 + (N - n_0)a''_0 + (N'' - n''_0)b''_0.
\end{aligned}\right. \tag{28}$$

On détermine ensuite les lieux héliocentriques extrêmes et l'on calcule les éléments jusqu'à p inclusivement par des formules que nous donnerons plus loin.

Deuxième approximation. — On calcule $\eta_1, \eta'_1, \eta''_1, Y''_1, Y_1, Q_1$ par les formules

$$(29)\quad \left\{\begin{aligned} &\eta_1 = \frac{\theta\sqrt{p}}{[r', r'']}, \qquad \eta'_1 = \frac{\theta'\sqrt{p}}{[r, r'']}, \qquad \eta''_1 = \frac{\theta''\sqrt{p}}{[r, r']},\\ &Y''_1 = 2r_0'^3\left(\frac{\eta'_1}{\eta_1} - 1\right), \qquad Y_1 = 2r_0'^3\left(\frac{\eta'_1}{\eta_1} - 1\right),\\ &Q_1 = \frac{AY''_1 + BPY_1}{A + BP}.\end{aligned}\right.$$

On en déduit ρ'_1, r'_1; ρ_1, ρ''_1 par les mêmes formules que dans la première approximation.

Et l'on continue ainsi jusqu'à ce que deux approximations successives donnent le même résultat.

8. Équation en z de Gauss. — Soient, au temps t', S' le centre de gravité du Soleil, T' celui de la Terre et P' la planète.

Dans le triangle S'T'P', on a

$$(30)\qquad \rho' = R'\frac{\sin(\delta - z)}{\sin z}, \qquad r' = \frac{R'\sin\delta}{\sin z}.$$

Fig. 11.

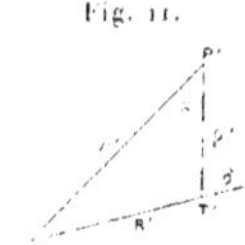

D'autre part, A, B, C, K et P étant déterminés par les formules (3) et (23), on a entre r' et ρ' la relation

$$(31)\qquad k\rho'\cos\beta' + C = \frac{A + PB}{1 + P}\left(1 + \frac{Q}{2r'^3}\right).$$

En y remplaçant ρ' et r' par leurs valeurs données par les formules (30), il vient

$$[k\cos\beta' R'\sin(\delta - z) + C\sin z]\frac{P + 1}{A + PB} - \sin z = \frac{Q\sin^4 z}{2R'^3\sin^3\delta}.$$

On pose

$$(32)\qquad \left\{\begin{aligned} C - kR'\cos\beta'\cos\delta &= S\cos\sigma,\\ kR'\cos\beta'\sin\delta &= S\sin\sigma,\end{aligned}\right. \qquad \text{avec la condition } S > 0.$$

L'équation (31) devient ainsi

$$\frac{P+1}{A+PB}\,S\sin(z+\sigma)=\sin z-\frac{Q\sin^4 z}{2R'^3\sin^3\delta}. \tag{33}$$

On détermine ensuite Ω et ω_1, avec la condition $\Omega > 0$ par les formules

$$\left\{\begin{aligned}&\frac{P+1}{A+PB}\,S\sin\sigma=\Omega\sin\omega_1,\\&\frac{P+1}{A+PB}\,S\cos\sigma-1=\Omega\cos\omega_1.\end{aligned}\right. \tag{34}$$

L'équation (33) devient

$$\Omega\sin(z+\omega_1)=\frac{Q\sin^4 z}{2(R'\sin\delta)^3}.$$

On pose enfin

$$M=\frac{Q}{2(R'\sin\delta)^3\,\Omega}, \tag{35}$$

et l'on trouve l'équation de Gauss

$$M\sin^4 z=\sin(z+\omega_1). \tag{36}$$

Après avoir résolu cette équation, on obtiendra, par les formules (30), les valeurs de ρ' et de r'.

9. Remarque sur le calcul de S et de σ. — Les formules (32) peuvent s'écrire

$$\left\{\begin{aligned}&S\sin(\delta+\sigma)=C\sin\delta,\\&S\cos(\delta+\sigma)=C\cos\delta-KR'\cos\beta'.\end{aligned}\right. \tag{37}$$

Considérons une figure sphérique dont le centre coïncide avec le centre de

Fig. 12.

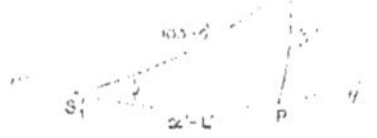

gravité de la Terre, au temps t'; soient S'_1 le centre de gravité du Soleil, C'_1 la planète; xy le plan de l'écliptique. Dans le triangle $S'_1C'_1P$, on a

$$\left\{\begin{aligned}\cos\delta&=-\cos\beta'\cos(\alpha'-L'),\\\sin\delta\cos\psi&=\cos\beta'\sin(\alpha'-L'),\\\sin\delta\sin\psi&=\sin\beta'.\end{aligned}\right. \tag{38}$$

Ces formules permettent de transformer avantageusement les équations (37). En remplaçant C, K et $\cos\delta$ par leurs valeurs données par (3) et (38), on trouve

$$\begin{aligned} C\cos\delta - KR'\cos\beta' = R'\{&-\cos\beta'\cos(\alpha'-L')[\operatorname{tang}\beta''\sin(\alpha-L') - \operatorname{tang}\beta\sin(\alpha''-L')] \\ &-\cos\beta'[\operatorname{tang}\beta\sin(\alpha''-\alpha') - \operatorname{tang}\beta'\sin(\alpha''-\alpha) + \operatorname{tang}\beta''\sin(\alpha'-\alpha)]\} \\ = R'[\sin\beta'\sin(\alpha''-\alpha) &+ \cos\beta'\sin(\alpha'-L')]\{\operatorname{tang}\beta\cos(\alpha''-L') \\ &- \operatorname{tang}\beta''\cos(\alpha-L')\}]. \end{aligned}$$

On pose

$$(39) \qquad D = R'[\operatorname{tang}\beta\cos(\alpha''-L') - \operatorname{tang}\beta''\cos(\alpha-L')],$$

et il vient

$$C\cos\delta - KR'\cos\beta' = D\sin\delta\cos\psi + R'\sin\delta\sin\psi\sin(\alpha''-\alpha).$$

Les formules (37) peuvent donc s'écrire

$$\frac{S}{\sin\delta}\sin(\delta-\sigma) = C,$$

$$\frac{S}{\sin\delta}\cos(\delta-\sigma) = D\cos\psi + R'\sin\psi\sin(\alpha''-\alpha).$$

On pose enfin

$$(40) \qquad \begin{cases} D = T\sin\tau, \\ R'\sin(\alpha''-\alpha) = T\cos\tau, \end{cases}$$

et l'on a, pour déterminer S et δ, les formules

$$(41) \qquad \begin{cases} \dfrac{S}{\sin\delta}\sin(\delta-\sigma) = C, \\ \dfrac{S}{\sin\delta}\cos(\delta-\sigma) = T\sin(\tau-\psi). \end{cases}$$

10. Résumé des formules qui servent à calculer ρ' et r'.

$$\theta = k(t''-t'), \qquad \theta'' = k(t'-t), \qquad P = \frac{\theta''}{\theta},$$

$$(A) \qquad \begin{cases} K = \operatorname{tang}\beta\sin(\alpha''-\alpha') - \operatorname{tang}\beta'\sin(\alpha''-\alpha) + \operatorname{tang}\beta''\sin(\alpha'-\alpha), \\ A = R[\operatorname{tang}\beta'\sin(\alpha-L) - \operatorname{tang}\beta\sin(\alpha''-L)], \\ B = R''[\operatorname{tang}\beta''\sin(\alpha-L'') - \operatorname{tang}\beta\sin(\alpha''-L'')], \\ C = R'[\operatorname{tang}\beta''\sin(\alpha-L') - \operatorname{tang}\beta\sin(\alpha''-L')], \\ D = R'[\operatorname{tang}\beta\cos(\alpha''-L') - \operatorname{tang}\beta''\cos(\alpha-L')]. \end{cases}$$

et

$$Q = \vartheta\vartheta''\left[1 + \frac{(A - B)(P - 1)}{A + BP} + \ldots\right].$$

(A)

$$\cos\delta = -\cos\beta'\cos(\alpha' - L'),$$

$$\sin\delta\cos\psi = \cos\beta'\sin(\alpha' - L'), \qquad 0 < \delta < 180^\circ,$$

$$\sin\delta\sin\psi = \sin\beta',$$

$$T\sin\tau = D,$$

$$T\cos\tau = R'\sin(\alpha'' - \alpha), \qquad T > 0,$$

$$\frac{S}{\sin\delta}\sin(\delta + \sigma) = C,$$

$$\frac{S}{\sin\delta}\cos(\delta + \sigma) = T\sin(\tau - \psi),$$

On prend pour S le signe qui correspond à la plus petite valeur de σ.

$$\Omega\sin\omega_1 = \frac{P + 1}{A + PB}S\sin\sigma,$$

$$\Omega\cos\omega_1 = \frac{P - 1}{A + PB}S\cos\sigma - 1, \qquad \Omega > 0.$$

$$M = \frac{Q}{2\Omega(R'\sin\delta)^3},$$

$$M\sin^4 z = \sin(z + \omega_1),$$

$$r' = \frac{R'\sin\delta}{\sin z},$$

$$\rho' = \frac{R'\sin(\delta - z)}{\sin z}.$$

11. **Discussion et résolution de l'équation** $M\sin^4 z = \sin(z + \omega_1)$. — Pour qu'une racine de cette équation convienne au problème, il faut qu'elle soit moindre que δ, car, s'il en était autrement, la valeur correspondante de ρ', serait négative.

Nous savons qu'il y a toujours la racine $z = \delta$ qui correspond à la Terre.

On peut écrire l'équation précédente

$$(M\sin^4 z - \sin z\cos\omega_1)^2 = \sin^2\omega_1(1 - \sin^2 z).$$

$$f(z) = M^2\sin^8 z - 2M\cos\omega_1\sin^5 z + \sin^2 z - \sin^2\omega_1 = 0.$$

Si $\cos\omega_1 < 0$, $f(z)$ ne présente qu'une variation, il n'y a que la racine positive $z = \delta$; le problème est impossible.

Il faut donc que l'on ait

$$\cos\omega_1 > 0.$$

Dans ce cas, $f(z)$ présente trois variations et l'on a

$$f(0) = -\sin^2\omega_1, \qquad f(+1) = (M - \cos\omega_1)^2.$$

Il y a donc une ou trois racines entre 0 et 1.

S'il n'y en a qu'une, le problème est encore impossible. Supposons qu'il y en ait trois. Soient z_1, z_2 et δ. On peut avoir

$$(1) \qquad z_1 < z_2 < \delta;$$

$$(2) \qquad z_1 < \delta < z_2;$$

$$(3) \qquad \delta < z_1 < z_2.$$

Dans le premier cas, les deux valeurs sont acceptables. Il y a deux orbites possibles avec les trois observations dont on s'est servi ; il faut avoir recours à une quatrième observation. Dans le deuxième cas, il n'y a qu'une valeur acceptable. Dans le troisième cas, le problème est encore impossible.

Il n'y a donc lieu que de chercher la valeur de z qui est moindre que δ.

Or, δ est en général assez petit : donc z aussi et à plus forte raison $M\sin^4 z$. La valeur de z est donc peu différente de $-\omega_1$. On commence, pour la trouver, à substituer des valeurs de z à partir de $-\omega_1$. On s'approche de plus en plus de la racine par la méthode d'approximation ordinaire.

On simplifie les calculs de la façon suivante.

Soit z_0 une valeur suffisamment approchée. La racine est $z = z_0 + \varepsilon$ et l'on a

$$(43) \qquad \log M + 4\log\sin(z_0 + \varepsilon) - \log\sin(z_0 + \varepsilon + \omega_1) = 0,$$

ce qui peut s'écrire

$$(43)' \qquad \left\{\begin{aligned} &\log M + 4\log\sin z_0 - \log\sin(z_0 + \omega_1) \\ &\quad + 4[\log\sin(z_0 + \varepsilon) - \log\sin z_0] \\ &\quad - [\log\sin(z_0 + \omega_1 + \varepsilon) - \log\sin(z_0 + \omega_1)] = 0. \end{aligned}\right.$$

Posons

$$(44) \qquad h = \log M + 4\log\sin z_0 - \log\sin(z_0 + \omega_1);$$

h est le résultat de la substitution de la valeur essayée z_0 ; sa valeur est donc connue.

D'autre part, z_0 étant suffisamment approché, on a

$$\log\sin(z_0 + \varepsilon) - \log\sin z_0 = \varepsilon\frac{d(\log\sin z_0)}{dz},$$

$$\log\sin(z_0 + \omega_1 + \varepsilon) - \log\sin(z_0 + \omega_1) = \varepsilon\frac{d[\log\sin(z_0 + \omega_1)]}{dz}.$$

Soit c l'intervalle de l'argument des Tables de logarithmes employées et a, b les différences tabulaires de $\log\sin(z_0)$ et de $\log\sin(z_0+\omega_1)$

$$a = \log\sin(z_0+c) - \log\sin z_0 = c\,\frac{d(\log\sin z_0)}{dz},$$

$$b = \log\sin(z_0+\omega_1+c) - \log\sin(z_0+\omega_1) = c\,\frac{d[\log\sin(z_0+\omega_1)]}{dz}.$$

L'équation (43′) peut s'écrire

$$h + 4a\frac{z}{c} - b\frac{z}{c} = 0;$$

d'où

$$(45)\qquad \begin{cases} z = c\,\dfrac{h}{b-4a}, \\ z = z_0 + z. \end{cases}$$

On pourra procéder avec cette nouvelle valeur de z comme on l'a fait avec z_0. En général, il suffira d'un petit nombre d'approximations ainsi faites pour obtenir une valeur de z suffisamment exacte.

On obtiendra ensuite les valeurs de ρ', r', ρ, ρ'' par les formules

$$(\text{B})\qquad \begin{cases} \rho' = \dfrac{R'\sin(\delta - z)}{\sin z}, & r' = \dfrac{R'\sin\delta}{\sin z}, \\ N = \dfrac{\theta'^2 - \theta''^2}{3}, & N'' = \dfrac{\theta'^2 - \theta^2}{3}, \\ n = \dfrac{\theta}{\theta'}\left(1 + \dfrac{N''}{2r'^3}\right), & n'' = \dfrac{\theta''}{\theta'}\left(1 + \dfrac{N}{2r'^3}\right), \\ n\rho = c_0\rho' + (N - n)a_0 + (N'' - n'')b_0, & \\ n''\rho'' = c''_0\rho' + (N - n)a''_0 + (N'' - n'')b''_0. & \end{cases}$$

12. Calcul des coordonnées héliocentriques correspondant aux observations extrêmes. — Soient l la longitude, b la latitude héliocentriques au temps t; l'', b'' les valeurs des mêmes quantités au temps t''.

En projetant les rayons vecteurs de la planète sur chacun des axes de coordonnées, on a

$$(46)\qquad \begin{cases} r\cos b\cos l = \rho\cos\beta\cos\alpha - R\cos L, & r''\cos b''\cos l'' = \rho''\cos\beta''\cos\alpha'' - R''\cos L'', \\ r\cos b\sin l = \rho\cos\beta\sin\alpha - R\sin L, & r''\cos b''\sin l'' = \rho''\sin\beta''\sin\alpha'' - R''\sin L'', \\ r\sin b = \rho\sin\beta, & r''\sin b'' = \rho''\sin\beta''. \end{cases}$$

Ces formules déterminent sans ambiguïté r, l, b; r'', l'', b''.

Calcul de l'arc héliocentrique $2f'$ compris entre les deux positions extrêmes C et C'' de la planète. — Soit Q le pôle de l'écliptique. Dans le triangle QCC'', on a

$$\cos 2f' = \sin b \sin b'' + \cos b \cos b'' \cos(l'' - l).$$

Cette formule ne convient pas pour le calcul numérique, car f' est petit et, par suite, il est mal déterminé par son cosinus. On se sert généralement, pour déterminer f', de la formule suivante que l'on déduit aisément de celle qui précède

$$(47) \qquad \sin^2 f' = \sin^2 \frac{b'' - b}{2} + \cos b \cos b'' \sin^2 \frac{l'' - l}{2}.$$

Calcul des arcs héliocentriques $2f$ et $2f''$ respectivement compris entre C', C'' et CC'. — On a posé

$$n = \frac{[r'r'']}{[rr'']}, \qquad n'' = \frac{[rr']}{[rr'']}.$$

On peut écrire ces formules

$$n = \frac{r'r'' \sin 2f}{rr'' \sin 2f'}, \qquad n'' = \frac{rr' \sin 2f''}{rr'' \sin 2f'};$$

on en déduit

$$(48) \qquad \begin{cases} \sin 2f = \dfrac{r}{r'} n \sin 2f', \\[2ex] \sin 2f'' = \dfrac{r''}{r'} n'' \sin 2f'. \end{cases}$$

On peut se servir, pour vérifier les calculs, de la formule suivante

$$(49) \qquad f' = f + f''.$$

13. Calcul des éléments elliptiques d'une planète connaissant deux lieux héliocentriques et le temps employé par la planète pour passer de la première position à la seconde. — Soient r, r'' deux rayons vecteurs d'une orbite elliptique, $2f'$ leur angle; w, w'' les anomalies vraies; E, E'' les anomalies excentriques; t et t'' les temps correspondants.

En désignant les éléments par les notations habituelles, on a

$$(1) \qquad \begin{cases} \sqrt{r} \sin \dfrac{w}{2} = \sqrt{a(1+e)} \sin \dfrac{E}{2}, & \sqrt{r} \cos \dfrac{w}{2} = \sqrt{a(1-e)} \cos \dfrac{E}{2}, \\[2ex] \sqrt{r''} \sin \dfrac{w''}{2} = \sqrt{a(1+e)} \sin \dfrac{E''}{2}, & \sqrt{r''} \cos \dfrac{w''}{2} = \sqrt{a(1-e)} \cos \dfrac{E''}{2}, \end{cases}$$

$$\sqrt{rr''} \cos \frac{w'' - w}{2} = a(1-e) \cos \frac{E''}{2} \cos \frac{E}{2} + a(1+e) \sin \frac{E}{2} \sin \frac{E''}{2}.$$

On peut écrire cette égalité

$$\sqrt{rr''}\cos f' = a\left[\cos\frac{E''-E}{2} - e\cos\frac{E''+E}{2}\right].$$

D'autre part, on a

$$r + r'' = a(1 - e\cos E) + a(1 - e\cos E''),$$

$$r + r'' = 2a - 2ae\cos\frac{E''+E}{2}\cos\frac{E''-E}{2},$$

$$\frac{K}{a^{\frac{3}{2}}}(t''-t) = E'' - E - 2e\sin\frac{E''-E}{2}\cos\frac{E''+E}{2}.$$

Posons

(2) $$E''-E = 2g', \qquad E''+E = G', \qquad K(t''-t) = \theta'.$$

Les équations précédentes peuvent s'écrire

(3) $$\begin{cases} \sqrt{rr''}\cos f' = a(\cos g' - e\cos G'), \\ r + r'' = 2a - 2a\cos g' \, e\cos G', \\ \dfrac{\theta'}{2a^{\frac{3}{2}}} = g' - \sin g' \, e\cos G'. \end{cases}$$

On a ainsi un système de trois équations à trois inconnues a, g', $e\cos G'$. On en tire

$$\begin{cases} e\cos G' = \cos g' - \dfrac{\sqrt{rr''}}{a}\cos f', \\ r + r'' = 2a - 2a\cos g'\left(\cos g' - \dfrac{\sqrt{rr''}}{a}\cos f'\right), \\ \dfrac{\theta'}{2a^{\frac{3}{2}}} = g' - \sin g'\left(\cos g' - \dfrac{\sqrt{rr''}}{a}\cos f'\right). \end{cases}$$

Les deux dernières équations peuvent s'écrire

(4) $$\begin{cases} 2a\sin^2 g' = r + r'' - 2\sqrt{rr''}\cos f'\cos g', \\ \theta' = (2g' - \sin 2g')a^{\frac{3}{2}} + 2\sqrt{rr''}\sin g'\cos f' a^{\frac{1}{2}}. \end{cases}$$

Posons

(5) $$\frac{\sqrt{\frac{r}{r''}} + \sqrt{\frac{r''}{r}}}{2\cos f'} = 1 + 2l'.$$

Les équations (4) deviennent

$$(6)\quad \left\{\begin{aligned} &a\sin^2 g' = 2\sqrt{rr''}\cos f'\left(\lambda' + \sin^2\frac{1}{2}g'\right),\\ &\mathcal{G}' = \frac{2g' - \sin 2g'}{\sin^3 g'}\left(2\sqrt{rr''}\cos f'\right)^{\frac{3}{2}}\left(\lambda' + \sin^2\frac{1}{2}g'\right)^{\frac{3}{2}}\\ &\qquad + 2\sqrt{rr''}\cos f'\left(2\sqrt{rr''}\cos f'\right)^{\frac{1}{2}}\left(\lambda' + \sin^2\frac{1}{2}g'\right)^{\frac{1}{2}}.\end{aligned}\right.$$

Posons encore

$$(7)\qquad m' = \frac{\mathcal{G}'}{\left(2\sqrt{rr''}\cos f'\right)^{\frac{3}{2}}}.$$

La deuxième des équations (6) deviendra

$$(8)\qquad m' = \frac{2g' - \sin 2g'}{\sin^3 g'}\left(\lambda' + \sin^2\frac{1}{2}g'\right)^{\frac{3}{2}} + \left(\lambda' + \sin^2\frac{1}{2}g'\right)^{\frac{1}{2}};$$

d'où l'on tire la valeur de g'; a et $e\cos G'$ sont ensuite déterminés par les équations (9)

$$(9)\quad \left\{\begin{aligned} &a = \frac{2\sqrt{rr''}\cos f'\left(\lambda' + \sin^2\frac{1}{2}g'\right)}{\sin^2 g'},\\ &e\cos G' = \cos g' - \frac{\sqrt{rr''}}{a}\cos f'.\end{aligned}\right.$$

14. Résolution de l'équation en g'. — Pour résoudre l'équation (8), Gauss fait les changements de fonctions

$$(10)\quad \left\{\begin{aligned} &x = \sin^2\frac{1}{2}g',\\ &X = \frac{2g' - \sin 2g'}{\sin^3 g'}.\end{aligned}\right.$$

L'équation (8) devient

$$(11)\qquad m' = (\lambda' + x)^{\frac{1}{2}} + (\lambda' + x)^{\frac{3}{2}}X.$$

On peut exprimer X en fonction de x. On a

$$\left\{\begin{aligned} &\frac{dx}{dg'} = \frac{1}{2}\sin g',\\ &X\sin^3 g' = 2g' - \sin 2g';\end{aligned}\right.$$

d'où

$$3X\cos g' + \frac{1}{2}\sin^2 g' \frac{dX}{dx} = 4,$$

(12) $$(2x - 2x^2)\frac{dX}{dx} + (3 - 6x)X - 4 = 0.$$

Posons

$$X = \alpha + \beta x + \gamma x^2 + \delta x^3 + \ldots,$$

$$\frac{dX}{dx} = \beta + 2\gamma x + 3\delta x^2 + \ldots.$$

En portant ces valeurs dans l'équation (12) et en égalant à zéro les coefficients des différentes puissances de x, on détermine de proche en proche les coefficients α, β, γ, ... On trouve ainsi

$$X = \frac{4}{3}\left(1 + \frac{6}{5}x + \frac{6.8}{5.7}x^2 + \frac{6.8.10}{5.7.9}x^3 + \ldots\right).$$

Cette série est convergente, mais les coefficients des différentes puissances de x vont en croissant; elle ne convient pas pour les applications numériques. Pour la transformer, Gauss a posé

$$X = \frac{4}{3}\,\frac{1}{1 + Ax + Bx^2 + \ldots}.$$

On détermine de proche en proche les coefficients A, B, C, ..., en égalant à zéro les coefficients de x dans l'identité

$$1 = (1 + Ax + Bx^2 + \ldots)\left(1 + \frac{6}{5}x + \frac{6.8}{5.7}x^2 + \ldots\right).$$

On arrive ainsi à la forme suivante, pour X.

$$X = \frac{4}{3}\,\frac{1}{1 - \frac{6}{5}x + \frac{12}{175}x^2 + \frac{104}{2625}x^3 + \ldots},$$

ou encore

(13) $$X = \frac{1}{\frac{3}{4} - \frac{9}{10}\left(x - \frac{2}{35}x^2 - \frac{52}{1575}x^3 - \ldots\right)}.$$

L'expression de m' en fonction de x est ensuite donnée par la formule (8). On pose encore

(14) $$\begin{cases} \zeta = x - z = \dfrac{m'^2}{\nu^2}, \\ z = \dfrac{2}{35}x^2 + \dfrac{52}{1575}x^3 + \ldots, \end{cases}$$

et il vient

$$y^4 = y^2 + \frac{m'^2}{\frac{3}{4} + \frac{9}{10}\left(\frac{m'^2}{y^2} - \lambda' - \xi\right)}$$

ou encore

$$(y^4 - y^2)\left[\frac{3}{4} - \frac{9}{10}(\lambda' - \xi)\right] = \frac{9}{10}m'^2\left(y + \frac{1}{9}\right),$$

(15)
$$\frac{y^3 - y^2}{y + \frac{1}{9}} = \frac{\frac{9}{10}m'^2}{\frac{3}{4} - \frac{9}{10}(\lambda' + \xi)} = \frac{m'^2}{\frac{5}{6} + \lambda' + \xi}.$$

Posons

(16)
$$h' = \frac{m'^2}{\frac{5}{6} + \lambda' + \xi}.$$

L'équation en y devient

$$y^3 - y^2 - h'y - \frac{h'}{9} = 0.$$

ξ étant très petit, h' est positif; l'équation précédente n'a qu'une variation, et, par conséquent, elle n'a qu'une seule racine positive; on la trouve en procédant par approximations.

On néglige d'abord ξ, qui est, en général, une grandeur du quatrième ordre. On obtient, pour h', la valeur approchée h'_0

$$h'_0 = \frac{m'^2}{\frac{5}{6} + \lambda'};$$

la valeur correspondante de y est donnée par les Tables IX du *Traité des Orbites* d'Oppolzer.

On détermine x par l'équation (14); on obtient la valeur de ξ par les Tables X d'Oppolzer.

On en déduit une valeur plus exacte de h'

$$h' = \frac{m'^2}{\frac{5}{6} + \lambda' + \xi},$$

et l'on recommence les opérations précédentes jusqu'à ce que deux approximations successives donnent, pour x, des valeurs très peu différentes.

15. On obtient ensuite la valeur de a par la formule (6)

$$a\sin^2 g' = 2\sqrt{rr''}\cos f' \frac{m'^2}{y^2}.$$

En y remplaçant m'^2 par sa valeur, on trouve

$$a = \frac{g'^2}{4rr''y^2\sin^2 g'\cos^2 f'}. \tag{17}$$

On a ensuite

$$\sqrt{rr''}\sin\frac{v''-v}{2} = \sqrt{a(1-e^2)}\sin\frac{E''-E}{2},$$

$$\sqrt{rr''}\sin f' = \sqrt{a}\sin g'\sqrt{p},$$

$$\sqrt{p} = \frac{\sqrt{rr''}\sin f'}{\sqrt{a}\sin g'}, \tag{18}$$

et, en remplaçant a par sa valeur,

$$\sqrt{p} = \frac{rr''\sin 2f'}{g'}y,$$

d'où

$$y = \frac{K\sqrt{p}(t''-t)}{rr''\sin^2 f'}.$$

Cette formule montre que y est le rapport de l'aire du secteur SC″C, formé par le Soleil et les deux positions extrêmes de la planète, au triangle rectiligne SC″C. On a désigné précédemment, paragraphe 3, *ce rapport par* η'. On a donc

$$y = \eta'.$$

Les Tables IX dont nous avons parlé plus haut donnent $\log\eta'^2$. Pour déterminer les valeurs successives de η', il est avantageux d'écrire l'équation (15) de la façon suivante

$$\eta' - 1 = \frac{h'\left(\eta' + \frac{1}{9}\right)}{\eta'^2}.$$

Remarque sur le calcul de λ'. — L'équation (5) se prête peu au calcul numérique de λ. Gauss la transforme en posant

$$\sqrt[4]{\frac{r''}{r}} = \operatorname{tang}(45 + \omega').$$

$\frac{r''}{r}$ étant peu différent de 1, ω' est une quantité petite du premier ordre. L'équation (5) devient

$$1 + 2\lambda' = \frac{\operatorname{tang}^2(45 - \omega') + \cot^2(45 + \omega')}{2\cos f'}.$$

On en tire

$$\lambda' = \frac{\operatorname{tang}^2 2\omega' + \sin^2\frac{1}{2}f'}{\cos f'}.$$

Cette formule montre que λ' est une petite quantité du deuxième ordre.

16. Résumé des formules employées pour le calcul des lieux héliocentriques extrêmes. — Après avoir déterminé par les formules (A) et (B) un premier système de valeurs approchées de ρ', r'; ρ, ρ'', on calcule des valeurs approchées de r, r''; f, f', f'' par les formules

$$
(\mathrm{C})\quad
\left\{
\begin{aligned}
& r\cos b\cos(l-\alpha) = \rho\cos\beta - \mathrm{R}\cos(\mathrm{L}-\alpha),\\
& r\cos b\sin(l-\alpha) = - \mathrm{R}\sin(\mathrm{L}-\alpha),\\
& r\sin b = \rho\sin\beta;\\
& r''\cos b''\cos(l''-\alpha'') = \rho''\cos\beta'' - \mathrm{R}''\cos(\mathrm{L}''-\alpha''),\\
& r''\cos b''\sin(l''-\alpha'') = - \mathrm{R}''\sin(\mathrm{L}''-\alpha''),\\
& r''\sin b'' = \rho''\sin\beta'';\\
& \sin^2 f' = \sin^2\frac{b''-b}{2} + \cos b\cos b''\sin^2\frac{(l''-l)}{2},\\
& \sin 2f = \frac{r}{r'}\,n\sin 2f',\\
& \sin 2f'' = \frac{r''}{r'}\,n''\sin 2f'.
\end{aligned}
\right.
$$

On cherche les valeurs de η_1, η'_1, η''_1

$$
(\mathrm{D})\quad
\left\{
\begin{aligned}
m &= \frac{g^2}{(2\sqrt{r'r''}\cos f)^3},\\
\operatorname{tang}(45+\omega) &= \sqrt[4]{\frac{r''}{r'}},\\
l &= \frac{\sin^2\frac{1}{2}f + \operatorname{tang}^2 2\omega}{\cos f};\\
m' &= \frac{g'^2}{(2\sqrt{rr''}\cos f')^3},\\
\operatorname{tang}(45+\omega') &= \sqrt[4]{\frac{r''}{r}},\\
l' &= \frac{\sin^2\frac{1}{2}f' + \operatorname{tang}^2 2\omega'}{\cos f'};\\
m'' &= \frac{g''^2}{(2\sqrt{rr'}\cos f'')^3},\\
\operatorname{tang}(45+\omega'') &= \sqrt[4]{\frac{r'}{r}},\\
l'' &= \frac{\sin^2\frac{1}{2}f'' + \operatorname{tang}^2 2\omega''}{\cos f''}
\end{aligned}
\right.
$$

et

$$
(\mathrm{D})\quad\left\{
\begin{array}{c|c|c}
h = \dfrac{m}{\frac{5}{6}+\lambda}, & h' = \dfrac{m'}{\frac{5}{6}+\lambda'}, & h'' = \dfrac{m''}{\frac{5}{6}+\lambda''}, \\
\text{Tables IX donnent } \eta^2. & \text{Tables IX donnent } \eta'^2. & \text{Tables IX donnent } \eta''^2. \\
x = \dfrac{m}{\eta^2} - \lambda, & x' = \dfrac{m'}{\eta'^2} - \lambda', & x'' = \dfrac{m''}{\eta''^2} - \lambda'', \\
\text{Tables X donnent } \xi. & \text{Tables X donnent } \xi'. & \text{Tables X donnent } \xi''. \\
h = \dfrac{m}{\frac{5}{6}+\lambda+\xi}, & h' = \dfrac{m'}{\frac{5}{6}+\lambda'+\xi'}, & h'' = \dfrac{m''}{\frac{5}{6}+\lambda''+\xi''}, \\
\text{Tables IX donnent } \eta^2. & \text{Tables IX donnent } \eta'^2. & \text{Tables IX donnent } \eta''^2. \\
\dots\dots\dots\dots & \dots\dots\dots\dots & \dots\dots\dots\dots \\
\eta - 1 = \dfrac{h}{\eta^2}\left(\eta + \dfrac{1}{9}\right). & \eta' - 1 = \dfrac{h'}{\eta'^2}\left(\eta' + \dfrac{1}{9}\right). & \eta'' - 1 = \dfrac{h''}{\eta''^2}\left(\eta'' + \dfrac{1}{9}\right).
\end{array}\right.
$$

On détermine ensuite des valeurs plus exactes de Y, Y'', Q, M et z par les formules

$$
(\mathrm{E})\quad\left\{
\begin{array}{c}
\mathrm{Y} = \dfrac{(\eta'-1)-(\eta''-1)}{\eta''}\,2r'^3, \qquad \mathrm{Y}'' = \dfrac{(\eta'-1)-(\eta-1)}{\eta}\,2r'^3, \\
\mathrm{Q} = \dfrac{\mathrm{AY''}+\mathrm{PBY}}{\mathrm{A}+\mathrm{PB}}, \\
\mathrm{M} = \dfrac{\mathrm{Q}}{2(\mathrm{R}'\sin\delta)\Omega}, \\
\mathrm{M}\sin^4 z = \sin(z+\omega_1).
\end{array}\right.
$$

Les valeurs de Ω et ω_1 qui entrent dans (E) sont données par (A).

On en déduit, en deuxième approximation, les valeurs de r', ρ', ρ, ρ'' par les formules (B).

Enfin, on détermine de nouveau r, r'' ; b, b'' ; l, l'' ; f, f', f'' par les formules C.

En général, deux approximations suffisent.

17. **Calcul des éléments**. — On a déjà déterminé des valeurs approchées de a et p par les formules (17) et (18). On pose ensuite

$$e = \sin\varphi.$$

On en déduit

$$\sqrt{1+e} = \cos\frac{\varphi}{2} + \sin\frac{\varphi}{2}, \qquad \sqrt{1-e} = \cos\frac{\varphi}{2} - \sin\frac{\varphi}{2},$$

$$\sqrt{r}\sin\frac{w}{2} = \sqrt{a}\left(\cos\frac{\varphi}{2} + \sin\frac{\varphi}{2}\right)\sin\frac{\mathrm{E}}{2}, \qquad \sqrt{r''}\sin\frac{w''}{2} = \sqrt{a}\left(\cos\frac{\varphi}{2} + \sin\frac{\varphi}{2}\right)\sin\frac{\mathrm{E}''}{2},$$

$$\sqrt{r}\cos\frac{w}{2} = \sqrt{a}\left(\cos\frac{\varphi}{2} - \sin\frac{\varphi}{2}\right)\cos\frac{\mathrm{E}}{2}, \qquad \sqrt{r''}\cos\frac{w''}{2} = \sqrt{a}\left(\cos\frac{\varphi}{2} - \sin\frac{\varphi}{2}\right)\cos\frac{\mathrm{E}''}{2}.$$

D'autre part, on tire des formules (2),

$$\alpha'' - \alpha = 2f', \qquad \alpha'' + \alpha = 2F',$$
$$E'' - E = 2g', \qquad E'' + E = 2G'.$$

Les formules précédentes deviennent

$$(19)\quad \left\{\begin{aligned}
&\sqrt{\frac{r}{a}}\sin\left(\frac{F' - f'}{2}\right) = \left(\cos\frac{\varphi}{2} + \sin\frac{\varphi}{2}\right)\sin\frac{G' - g'}{2},\\
&\sqrt{\frac{r}{a}}\cos\left(\frac{F' - f'}{2}\right) = \left(\cos\frac{\varphi}{2} - \sin\frac{\varphi}{2}\right)\cos\frac{G' - g'}{2},\\
&\sqrt{\frac{r''}{a''}}\sin\left(\frac{F' + f'}{2}\right) = \left(\cos\frac{\varphi}{2} + \sin\frac{\varphi}{2}\right)\sin\frac{G' + g'}{2},\\
&\sqrt{\frac{r''}{a''}}\cos\left(\frac{F' + f'}{2}\right) = \left(\cos\frac{\varphi}{2} - \sin\frac{\varphi}{2}\right)\cos\frac{G' + g'}{2}.
\end{aligned}\right.$$

On en tire F', G', a, φ. A cet effet, on les multiplie respectivement par $\sin\frac{F'+g'}{2}$, $\cos\frac{F'+g'}{2}$, $-\sin\frac{F'-g'}{2}$, $-\cos\frac{F'-g'}{2}$, et l'on trouve

$$(20)\quad \left(\sqrt{\frac{r''}{a}} - \sqrt{\frac{r}{a}}\right)\cos\frac{f' + g'}{2} = 2\cos\frac{\varphi}{2}\sin g'\sin\frac{F' - G'}{2}.$$

On a

$$\sqrt{\frac{r''}{r}} - \sqrt{\frac{r}{a}} = \sqrt[4]{\frac{rr''}{a}}\left(\sqrt[4]{\frac{r''}{r}} - \sqrt[4]{\frac{r}{r''}}\right),$$
$$= \sqrt[4]{\frac{rr''}{a}}\,[\operatorname{tang}(45 + \omega') - \cot(45 - \omega')],$$
$$\sqrt{\frac{r''}{a}} - \sqrt{\frac{r}{a}} = 2\sqrt[4]{\frac{rr''}{a^2}}\operatorname{tang}2\omega'.$$

L'équation (20) peut donc être mise sous la forme

$$(20')\quad \sqrt[4]{\frac{rr''}{a^2}}\operatorname{tang}2\omega'\cos\frac{f' + g'}{2} = \cos\frac{1}{2}\varphi\sin g'\sin\frac{F' - G'}{2}.$$

En multipliant respectivement les équations (19) par les facteurs suivants :

1° $\quad +\cos\frac{F'+g'}{2}, \qquad -\sin\frac{F'+g'}{2}, \qquad -\cos\frac{F'-g'}{2}, \qquad -\sin\frac{F'-g'}{2},$

$\quad +\sin\frac{F'-g'}{2}, \qquad -\cos\frac{F'-g'}{2}, \qquad -\sin\frac{F'+g'}{2}, \qquad -\cos\frac{F'-g'}{2},$

$\quad +\cos\frac{F'-g'}{2}, \qquad -\sin\frac{F'-g'}{2}, \qquad -\cos\frac{F'-g'}{2}, \qquad -\sin\frac{F'-g'}{2},$

on trouve trois équations analogues à (20′). On a donc

$$
(21)\quad
\begin{cases}
\left(\sqrt[4]{\dfrac{a^2}{rr''}}\sin g'\right)\cos\dfrac{1}{2}\varphi\sin\dfrac{F'-G'}{2}=\cos\dfrac{f'+g'}{2}\operatorname{tang}2\omega', \\
\left(\sqrt[4]{\dfrac{a^2}{rr''}}\sin g'\right)\cos\dfrac{1}{2}\varphi\cos\dfrac{F'-G'}{2}=\sin\dfrac{f'+g'}{2}\operatorname{séc}2\omega', \\
\left(\sqrt[4]{\dfrac{a^2}{rr''}}\sin g'\right)\sin\dfrac{1}{2}\varphi\sin\dfrac{F'+G'}{2}=\cos\dfrac{f'-g'}{2}\operatorname{tang}2\omega', \\
\left(\sqrt[4]{\dfrac{a^2}{rr''}}\sin g'\right)\sin\dfrac{1}{2}\varphi\cos\dfrac{F'+G'}{2}=\sin\dfrac{f'-g'}{2}\operatorname{séc}2\omega'.
\end{cases}
$$

Ces équations déterminent sans ambiguïté $F'-G'$, $F'+G'$, φ, $\sqrt[4]{\dfrac{a^2}{rr''}}$; et, par suite, F', G', $\sin\varphi$, a.

On peut vérifier les calculs par la formule suivante

$$
\sin g'\sqrt[4]{\frac{a^2}{rr''}}=\frac{\sqrt{2m'\cos f'}}{\eta'}.
$$

Pour la démontrer, il suffit d'y remplacer a par sa valeur,

$$
a=\frac{\mathcal{G}'^2}{4rr''\eta'^2\sin^2 g'\cos^2 f'}.
$$

On trouve, après simplification,

$$
m'=\frac{\mathcal{G}'}{(2\cos f')^{\frac{3}{2}}(rr'')^{\frac{3}{4}}},
$$

et c'est précisément de cette façon qu'on a défini m'.

Les anomalies vraies w, w'' et les anomalies excentriques E, E″ se déduisent de F', G', f'. On a

$$
w''=F'+f',\qquad E''=G'+g',
$$
$$
w=F'-f',\qquad E=G'-g'.
$$

D'autre part, on trouve aisément les formules suivantes pour vérifier les valeurs obtenues,

$$
\operatorname{tang}\frac{1}{2}w=\operatorname{tang}\frac{1}{2}E\operatorname{tang}\left(45+\frac{\varphi}{2}\right),
$$
$$
\operatorname{tang}\frac{1}{2}w''=\operatorname{tang}\frac{1}{2}E''\operatorname{tang}\left(45+\frac{\varphi}{2}\right).
$$

Pour déterminer p, on se sert de la formule

$$
\eta'=\frac{\mathcal{G}'\sqrt{p}}{rr''\sin 2f'}.
$$

On en tire

$$p = \frac{(\eta' r r'' \sin 2f')^2}{g'^2}.$$

On a ensuite, pour déterminer a et le moyen mouvement μ, les deux formules

$$a = p \operatorname{s\acute{e}c}^2\varphi, \qquad \mu = \frac{k}{a^{\frac{3}{2}}}, \qquad \log k = 3{,}5500066.$$

On a ainsi μ'' en secondes d'arc avec le jour solaire moyen pour unité de temps.

L'excentricité $(e)''$ et les anomalies M et M'' sont données en secondes d'arc par les relations

$$(e)'' = \frac{\sin\varphi}{\sin 1''}, \qquad \log\frac{1}{\sin 1''} = 5{,}3144251.$$

$$M = E - (e)'' \sin E,$$

$$M'' = E'' - (e)'' \sin E''.$$

On vérifie les résultats avec les formules

$$\mu = \frac{M'' - M}{t'' - t},$$

$$\omega' = \omega + 2f'', \qquad \omega' = \omega'' - 2f.$$

On détermine ensuite l'anomalie excentrique et l'anomalie moyenne pour l'époque t' de l'observation intermédiaire,

$$\operatorname{tang}\frac{1}{2}E' = \operatorname{tang}\frac{1}{2}\omega' \operatorname{tang}\left(45 - \frac{\varphi}{2}\right),$$

$$M' = E' - (e)'' \sin E'.$$

On peut encore se servir, comme vérification finale, des formules

$$M' = M + (t' - t)\mu,$$

$$M' = M - (t'' - t')\mu,$$

$$\log r = \log a + \log(1 - \sin\varphi \cos E),$$

$$\log r' = \log a + \log(1 - \sin\varphi \cos E'),$$

$$\log r'' = \log a + \log(1 - \sin\varphi \cos E'').$$

On doit retrouver les valeurs de r, r', r'' qui ont servi à déterminer les éléments.

La position du plan de l'orbite est donnée par Ω et i,

$$\left\{\begin{aligned} &\operatorname{tang} i \sin(l - \Omega) = \operatorname{tang} b, \\ &\operatorname{tang} i \cos(l - \Omega) = \frac{\operatorname{tang} b'' - \operatorname{tang} b \cos(l'' - l)}{\sin(l'' - l)}. \end{aligned}\right.$$

Enfin les arguments de la latitude se déduisent des quantités précédentes par les équations

$$\operatorname{tang} u = \frac{\operatorname{tang}(l - \Omega)}{\cos i};$$

u doit être pris dans le même quadrant que $l - \Omega$.

$$\operatorname{tang} u'' = \frac{\operatorname{tang}(l'' - \Omega)}{\cos i};$$

u'' doit être pris dans le même quadrant que $l'' - \Omega$, et l'on a

$$\varpi = \Omega + u - \omega,$$
$$\varpi = \Omega + u'' - \omega''.$$

18. Sur les corrections de parallaxe et d'aberration. — Les observations étant faites à la surface de la Terre, il faut tenir compte de la parallaxe et de l'aberration pour les réduire au centre de la Terre. On ne peut le faire que si l'on connaît des valeurs approchées des distances de l'astre à la Terre.

Dans les premières déterminations d'orbite on peut corriger de la parallaxe en effectuant la réduction en un point déterminé que Gauss a appelé *lieu fictif*.

Soient S le Soleil, supposé fixe ; T le centre de la Terre ; O l'observateur ; P la

Fig. 13.

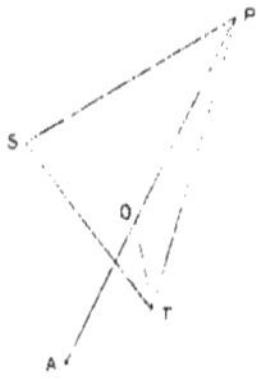

planète. Le lieu fictif est le point A de rencontre de OP avec le plan de l'écliptique. On voit l'astre dans la même direction en A qu'au lieu de l'observation.

Désignons par R_1 la distance de la Terre au Soleil ; par L_1 et B_1 sa longitude et sa latitude héliocentriques ; par R, L, O les coordonnées inconnues de A ; par α

et β la longitude et la latitude géocentriques de OP; par l_1 et b_1 les coordonnées du zénith du lieu O de l'observation; par r_1 la distance OT.

En écrivant les équations de la droite OP et en déterminant son point de rencontre avec le plan de l'écliptique, on trouve

$$R\cos L = R_1 \cos L_1 - r_1 \cos b_1 \cos l_1 - \cot\beta \cos\alpha (R_1 \sin B_1 - r_1 \sin b_1),$$

$$R\sin L = R_1 \sin L_1 - r_1 \cos b_1 \sin l_1 - \cot\beta \sin\alpha (R_1 \sin B_1 - r_1 \sin b_1),$$

d'où

$$R\sin(L - L_1) = r_1 \cos b_1 \sin(L_1 - l_1) + \cot\beta \sin(L_1 - \alpha)(R_1 \sin B_1 - r_1 \sin b_1).$$

La distance OT étant très petite relativement à ST, les coordonnées de A seront généralement peu différentes de celles de T. On a donc une approximation suffisante en remplaçant dans la formule précédente R par R_1 et $\sin(L - L_1)$ par $L - L_1$. Il vient ainsi

$$L = L_1 + \cot\beta \sin(L_1 - \alpha)\left(\sin B_1 - \frac{r_1}{R_1}\sin b_1\right) + \frac{r_1}{R_1}\cos b_1 \sin(L - l_1).$$

Soient π la parallaxe horizontale moyenne du Soleil, h_1 la valeur de r_1 en fonction du rayon équatorial terrestre a_1. On a

$$\frac{r_1}{R_1} = \frac{r_1}{a_1}\,\frac{a_1}{1}\,\frac{1}{R_1}, \qquad \frac{r_1}{R_1} = h_1 \sin\pi \,\frac{1}{R_1}.$$

La valeur de L est donc donnée par l'équation

$$(1) \qquad L = L_1 + \cot\beta \sin(L_1 - \alpha)\left(B_1 - \frac{h_1\pi}{R_1}\sin b_1\right) + \frac{h_1\pi}{R_1}\cos b_1 \sin(L - l_1).$$

On trouve de même

$$R = R_1\left[1 - \cot\beta \cos(L_1 - \alpha)\left(\sin B_1 - \frac{r_1}{R_1}\sin b_1\right) - \frac{r_1}{R_1}\cos b_1 \cos(L_1 - l_1)\right];$$

on peut écrire

$$R = R_1(1 - \varepsilon_1).$$

En prenant les logarithmes népériens,

$$(2) \quad \begin{cases} \log R = \log R_1 + \log e\left[-\frac{\varepsilon_1}{1} - \frac{\varepsilon_1^2}{1} + \ldots\right], \\ \log R = \log R_1 - \log e \sin 1''\left[\cot\beta \cos(L_1 - \alpha)\left(B_1 - \frac{h_1\pi}{R_1}\sin b_1\right) + \frac{h_1\pi}{R_1}\cos b_1 \cos(L_1 - l_1)\right], \\ \log R = \log R_1 - (0,323359)\left[\cot\beta \cos(L_1 - \alpha)\left(B_1 - \frac{h_1\pi}{R_1}\sin b_1\right) + \frac{h_1\pi}{R_1}\cos b_1 \cos(L_1 - l_1)\right]. \end{cases}$$

Les formules (1) et (2) permettent de faire la réduction au lieu fictif. Il faut d'abord calculer la longitude l_1 et la latitude b_1 du zénith du lieu de l'observation. Or, l'ascension droite du méridien d'un lieu à un instant donné est la même que celle d'un astre qui s'y trouve à l'instant considéré; l'ascension droite du zénith Θ_1 est donc le temps sidéral local de l'observation; il est égal au temps correspondant Θ de Paris augmenté de la longitude est du lieu

$$\Theta_1 = \Theta + \text{longitude est du lieu.} \tag{3}$$

D'autre part, soit φ la latitude géocentrique du lieu. On déduit de la figure de la Terre les formules

$$\left\{\begin{aligned} \varphi' &= \varphi - 11',5 \sin 2\varphi, \\ \log h_1 &= 9,99927 + 0,00073 \cos 2\varphi \end{aligned}\right. \tag{4}$$

(traduction française de la seconde édition du *Traité des orbites d'Oppolzer*, p. 31 et 32).

La longitude l_1 et la latitude b_1 du zénith se déduisent de son ascension droite Θ_1 et de sa déclinaison φ' par les formules ordinaires

$$\left\{\begin{aligned} \cos b_1 \cos l_1 &= \cos\varphi' \cos\Theta_1, \\ \cos b_1 \sin l_1 &= \cos\varphi' \sin\Theta_1 \cos\varepsilon + \sin\varphi' \cos\varepsilon, \\ \sin b_1 &= -\cos\varphi' \sin\Theta_1 \sin\varepsilon + \sin\varphi' \cos\varepsilon, \end{aligned}\right. \tag{5}$$

où ε désigne l'obliquité de l'écliptique.

Les formules (1), (2), (3), (4) et (5) donnent donc la réduction au lieu fictif de Gauss.

Il faut encore tenir compte du temps que met la lumière à parcourir la distance OA. On trouve aisément

$$\text{OA} = \frac{\text{R}_1}{\sin\beta} \sin 1'' \left(-\text{B}_1 + \frac{h_1\pi}{\text{R}_1} \sin b_1\right).$$

La correction à faire aux temps des observations est donc, en secondes de temps moyen,

$$dt = \frac{\text{R}_1}{\sin\beta}\, 497,8 \times \sin 1'' \left(-\text{B}_1 + \frac{h_1\pi}{\text{R}_1} \sin b_1\right).$$

On exprime, en général, les temps en jours et fractions décimales de jour, en prenant pour unité la cinquième décimale du jour.

1 seconde de temps est la $\frac{1}{86400}$ partie du jour et la nouvelle unité décimale est la $\frac{1}{10^5}$ partie du jour. Il faut donc multiplier la correction précédente par 105

et la diviser par 86400. On trouve ainsi

$$dt = (\bar{3},44612)\,\frac{R_1}{\sin\beta}\left(\pi - \frac{h_1 \sin b_1}{R_1} - B_1\right).$$

$(\bar{3},44612)$ représente un logarithme. Cette correction est en général négligeable.

Pour tenir compte de l'aberration, on détermine d'abord des valeurs approchées ρ, ρ', ρ'' des distances de la planète à la Terre, en employant les temps des observations t_0, t'_0, t''_0.

Les corrections de l'aberration sont

$$(S = 497^s,8), \qquad \rho s, \qquad \rho' s, \qquad \rho'' s.$$

On recommence donc les calculs avec les valeurs suivantes pour les temps des observations

$$t = t_0 - \rho s, \qquad t' = t'_0 - \rho' s, \qquad t'' = t''_0 - \rho'' s.$$

Les nouveaux intervalles de temps sont

$$\theta = \theta_0 + \mathbf{k}\,s(\rho' - \rho''),$$
$$\theta' = \theta'_0 + \mathbf{k}\,s(\rho - \rho''),$$
$$\theta'' = \theta''_0 + \mathbf{k}\,s(\rho - \rho').$$

Quand l'intervalle des observations extrêmes est assez petit, moindre que deux mois, les différences $\rho' - \rho''$, $\rho - \rho''$, $\rho - \rho'$ sont très petites. On peut négliger les deuxièmes termes dans les seconds membres des égalités précédentes; les valeurs de Y_0, Y''_0, M_0 ainsi obtenues sont peu différentes de Y, Y'', M.

Il en est généralement ainsi dans les premières déterminations d'orbite, et l'on peut encore négliger la *réduction au lieu fictif*.

On obtient donc les éléments, en première approximation, par les formules suivantes :

19. Résumé des formules pour obtenir, en première approximation, les éléments d'une orbite elliptique.

PREMIÈRE PARTIE. — *Préparation des observations*. — On calcule à six décimales.

(I). On convertit les temps des observations en temps moyens de Paris (*voir* à ce sujet les indications de la *Connaissance des Temps*) et, de chacun d'eux, on retranche dix minutes comme première correction de l'aberration.

(II). On exprime les mois, les heures, les minutes et les secondes en jours moyens et fractions décimales de jour moyen. On néglige la sixième décimale (Tables XIV de la *Connaissance des Temps*).

(III). On convertit les ascensions droites en degrés, minutes et secondes (Tables VII de la *Connaissance des Temps*).

(IV). On rapporte les ascensions droites $\mathcal{R}$ et les déclinaisons $\mathcal{D}$ à l'équinoxe moyen de janvier o de l'année. Les corrections sont données, en secondes d'arc, par les formules suivantes :

Pour les $\mathcal{R}$ .... $[f + g \sin(G + \mathcal{R}) \operatorname{tang} \mathcal{D}]$,

Pour les $\mathcal{D}$ .... $[g \cos(G + \mathcal{R})]$.

On trouve les valeurs des coefficients f, g dans la *Connaissance des Temps*.

(V). On transforme les ascensions droites $\mathcal{R}$, $\mathcal{R}'$, $\mathcal{R}''$ et les déclinaisons corrigées $\mathcal{D}$, $\mathcal{D}'$, $\mathcal{D}''$ en longitudes α, α', α'' et latitudes β, β', β'' par les formules

$$\left\{\begin{aligned} &\operatorname{tang} N = \frac{\operatorname{tang} \mathcal{D}}{\sin \mathcal{R}},\\ &\operatorname{tang} \alpha = \frac{\cos(N - \varepsilon)}{\cos N} \operatorname{tang} \mathcal{R} \qquad \cos\alpha \cos\mathcal{R} > 0,\\ &\operatorname{tang} \beta = \operatorname{tang}(N - \varepsilon) \sin \alpha. \end{aligned}\right.$$

ε est l'obliquité moyenne de l'écliptique à janvier o de l'année.

On peut vérifier ces dernières transformations avec la formule

$$\frac{\cos(N - \varepsilon)}{\cos N} = \frac{\cos \beta \sin \alpha}{\cos \mathcal{D} \sin \mathcal{R}}.$$

Il est préférable de calculer encore les α et β par les formules

$$\left\{\begin{aligned} \cos\alpha \cos\beta &= \cos\mathcal{R} \sin\mathcal{D},\\ \sin\alpha \cos\beta &= \cos\mathcal{D} \sin\mathcal{R} \cos\varepsilon + \sin\mathcal{D} \sin\varepsilon,\\ \sin\beta &= \cos\mathcal{D} \sin\mathcal{R} \sin\varepsilon + \sin\mathcal{D} \cos\varepsilon. \end{aligned}\right.$$

On cherche dans la *Connaissance des Temps* les longitudes L, L', L'' et les distances R, R', R'' du Soleil à la Terre, pour les temps des trois observations.

DEUXIÈME PARTIE. — *Détermination des valeurs approchées des distances de la planète à la Terre.*

$$\text{Données}\ldots\ldots \left\{\begin{matrix} t, & \alpha, & \beta, & L, & \log R,\\ t', & \alpha', & \beta', & L', & \log R',\\ t'', & \alpha'', & \beta'', & L'', & \log R''. \end{matrix}\right.$$

(1) $$\frac{R' \sin(L' - L)}{R'' \sin(L'' - L)} = N', \qquad \frac{R' \sin(L'' - L')}{R \sin(L'' - L)} = N.$$

$$
\text{(II)}\quad\left\{
\begin{array}{ll}
\sin\Delta'\sin w = \sin(\alpha''-\alpha)\cos\beta & \\
\sin\Delta'\cos w = \sin\beta\cos\beta''-\cos\beta\sin\beta''\cos(\alpha''-\alpha) & \sin\Delta'>0, \\
\sin\Delta\sin w_0 = \sin(\alpha''-\alpha')\cos\beta' & \\
\sin\Delta\cos w_0 = \sin\beta'\cos\beta''-\cos\beta'\sin\beta''\cos(\alpha''-\alpha') & \sin\Delta>0. \\
\sin\Delta'\sin w'' = \sin(\alpha''-\alpha)\cos\beta'', & \\
\sin\Delta'\cos w'' = \sin\beta''\cos\beta-\cos\beta''\sin\beta\cos(\alpha''-\alpha), & \\
\sin\Delta''\sin w''_0 = \sin(\alpha'-\alpha)\cos\beta', & \\
\sin\Delta''\cos w''_0 = \sin\beta'\cos\beta-\cos\beta'\sin\beta\cos(\alpha'-\alpha); &
\end{array}\right.
$$

$$
\text{(III)}\quad\left\{
\begin{array}{lll}
\cos w\sin\beta'' = f_1\sin F, & \cos w''\sin\beta = f''_1\sin F'', & f_1>0, \\
-\sin w = f_1\cos F, & \sin w'' = f''_1\cos F'', & f''_1>0;
\end{array}\right.
$$

$$
\text{(IV)}\quad\left\{
\begin{array}{l}
a_0 = \dfrac{Rf_1}{\sin\Delta'}\sin(\alpha''-L+F), \\
b_0 = \dfrac{R''f_1}{\sin\Delta'}\sin(\alpha''-L''+F), \\
c_0 = \dfrac{\sin\Delta}{\sin\Delta'}\cos(w_0-w);
\end{array}\right.
$$

$$
\text{(V)}\quad\left\{
\begin{array}{l}
a''_0 = \dfrac{Rf''_1}{\sin\Delta'}\sin(\alpha-L+F''), \\
b''_0 = \dfrac{R''f''_1}{\sin\Delta'}\sin(\alpha-L''+F''), \\
c''_0 = \dfrac{\sin\Delta''}{\sin\Delta'}\cos(w''_0-w'');
\end{array}\right.
$$

$$
\text{(VI)}\quad\left\{
\begin{array}{l}
R_s = -R\sin(\alpha-L), \\
R_c = R\cos(\alpha-L), \\
R''_s = R''\sin(\alpha''-L''), \\
R''_c = -R''\cos(\alpha''-L'');
\end{array}\right.
$$

$$
\text{(VII)}\quad\left\{
\begin{array}{l}
A = R\,[\operatorname{tang}\beta''\sin(\alpha-L)-\operatorname{tang}\beta\sin(\alpha''-L)], \\
B = R''[\operatorname{tang}\beta''\sin(\alpha-L'')-\operatorname{tang}\beta\sin(\alpha''-L'')], \\
C = R'[\operatorname{tang}\beta''\sin(\alpha-L')-\operatorname{tang}\beta\sin(\alpha''-L')], \\
D = R'[\operatorname{tang}\beta\cos(\alpha''-L')-\operatorname{tang}\beta''\cos(\alpha-L')];
\end{array}\right.
$$

$$
\text{(VIII)}\quad\left\{
\begin{array}{ll}
\sin\delta\sin\psi = \sin\beta', & \\
\sin\delta\cos\psi = \cos\beta'\sin(\alpha'-L') & 0<\delta<180^\circ. \\
\cos\delta = -\cos\beta'\cos(\alpha'-L'); &
\end{array}\right.
$$

$$
\text{(IX)}\quad\left\{
\begin{array}{ll}
T\sin\tau = D & \\
T\cos\tau = R'\sin(\alpha''-\alpha) & T>0, \\
S\sin(\delta+\sigma) = C\sin\delta & \text{signe de S tel que } \Delta+\sigma \\
S\cos(\delta+\sigma) = T\sin(\tau+\psi)\sin\delta & \text{diffère peu de } \Delta. \\
\mathfrak{M}' = \dfrac{1}{2(R'\sin\delta)^3}. &
\end{array}\right.
$$

(Les calculs précédents doivent être faits avec grand soin, car il n'y a pas de vérifications.)

$$
(\mathrm{X})\quad \begin{cases} \vartheta_0 = \mathrm{K}(t''_0 - t'_0) \\ \vartheta'_0 = \mathrm{K}(t''_0 - t_0) \qquad \vartheta'_0 = \vartheta_0 + \vartheta''_0, \\ \vartheta''_0 = \mathrm{K}(t'_0 - t_0) \qquad \log \mathrm{K} = \bar{2},235581 ; \end{cases}
$$

$$
(\mathrm{XI})\quad \begin{cases} \mathrm{P}_0 = \dfrac{\vartheta''_0}{\vartheta_0}, \\ \dfrac{\mathrm{P}_0 + 1}{\mathrm{A} + \mathrm{P}_0 \mathrm{B}}\,\mathrm{S} = d_0, \\ \Omega_0 \sin \omega_1^0 = d_0 \sin \sigma, \\ \Omega_0 \cos \omega_1^0 = d_0 \cos \sigma - 1, \\ \mathrm{M}''_0 = \dfrac{\mathfrak{M}'}{\Omega_0} ; \end{cases}
$$

$$
(\mathrm{XII})\quad \begin{cases} \mathrm{Y}_0 = \dfrac{1}{3}(\vartheta'^2_0 - \vartheta''^2_0), \\ \mathrm{Y}''_0 = \dfrac{1}{3}(\vartheta'^2_0 - \vartheta^2_0), \\ \mathrm{Q}_0 = \dfrac{\mathrm{A}\mathrm{Y}''_0 + \mathrm{P}\mathrm{B}\mathrm{Y}_0}{\mathrm{A} + \mathrm{P}_0 \mathrm{B}}, \\ \mathrm{M}_0 = \mathfrak{M}''_0 \mathrm{Q}_0 ; \end{cases}
$$

(XIII) Résolution de l'équation $\mathfrak{M}_0 \sin^4 z = \sin(z + \varpi_1^0)$.

$$
(\mathrm{XIV})\quad \begin{cases} \rho' = \dfrac{\mathrm{R}'}{\sin z_0} \sin(\delta - z_0), \\ r' = \dfrac{\mathrm{R}'}{\sin z_0} \sin \delta ; \end{cases}
$$

$$
(\mathrm{XV})\quad \begin{cases} n = \dfrac{\vartheta_0}{\vartheta'_0}\left(1 + \dfrac{\mathrm{Y}''_0}{2 r'^3}\right), \\ n'' = \dfrac{\vartheta''_0}{\vartheta'_0}\left(1 + \dfrac{\mathrm{Y}_0}{2 r'^3}\right) ; \end{cases}
$$

$$
(\mathrm{XVI})\quad \begin{cases} \rho = \dfrac{1}{n}\,[(\mathrm{N} - n) a_0 + (\mathrm{N}'' - n'') b_0 + c_0 \rho'], \\ \rho'' = \dfrac{1}{n''}[(\mathrm{N} - n) a''_0 + (\mathrm{N}'' - n'') b''_0 + c''_0 \rho']. \end{cases}
$$

Vérification :

$$
\rho' \sin \beta' = n \rho \sin \beta + n'' \rho'' \sin \beta''.
$$

(Cette formule ne donne pas de bons résultats avec de faibles latitudes.)

On corrige les temps de l'aberration :

$$
(\mathrm{XVII})\quad \begin{cases} t = t_0 - (\rho s - 10^{m}), \\ t' = t'_0 - (\rho' s - 10^{m}), \qquad \vartheta' = \vartheta'_0 - (\rho'' - \rho) s, \\ t'' = t''_0 - (\rho'' s - 10^{m}), \\ s = 7,76056. \end{cases}
$$

On détermine, avec la *Connaissance des Temps*. les coordonnées L, L', L'', logR, logR', logR'' du Soleil pour les temps ainsi corrigés et on les substitue, dans la suite des calculs, aux coordonnées primitives.

TROISIÈME PARTIE. — *Calcul des lieux héliocentriques extrêmes.*

$$
\text{(XVIII)}\quad
\left\{
\begin{aligned}
& r\cos b\cos(l-\alpha) = \rho\cos\beta - Rc,\\
& r\cos b\sin(l-\alpha) = Rs,\\
& r\sin b \qquad\qquad = \rho\sin\beta,\\
& r''\cos b''\cos(l''-\alpha'') = \rho''\cos\beta'' - R''c,\\
& r''\cos b''\sin(l''-\alpha'') = R''s,\\
& r''\sin b'' \qquad\qquad = \rho''\sin\beta'';
\end{aligned}
\right.
$$

$$
\text{(XIX)}\quad
\left\{
\begin{aligned}
& \sin 2f' = \cos b\cos b''\sin^2\left(\frac{l''-l}{2}\right) + \sin^2\left(\frac{b''-b}{2}\right),\\
& \sin 2f = \frac{r}{r'}\,n\sin 2f',\\
& \sin 2f'' = \frac{r''}{r'}\,n''\sin 2f'.
\end{aligned}
\right.
$$

Vérification :

$$2f' = 2f + 2f'',$$

$$
\text{(XX)}\quad
\left\{
\begin{aligned}
& m' = \frac{\theta'^2}{(2\sqrt{rr''}\cos f')^3},\\
& \operatorname{tang}(45 + \omega') = \sqrt[4]{\frac{r''}{r}},\\
& \lambda' = \frac{\sin^2\frac{1}{2}f' + \operatorname{tang}^2 2\omega'}{\cos f'},\\
& h' = \frac{m'}{\frac{5}{6} + \lambda'},\\
& \log\eta'^2, \text{ avec argument } h'; \text{ Tables VIII d'Oppolzer.}\\
& x' = \frac{m'}{\eta'^2} - \lambda',\\
& \xi', \text{ avec argument } x'; \text{ Tables IX d'Oppolzer.}\\
& h' = \frac{m'}{\frac{5}{6} + \lambda' + \xi'},\\
& \log\eta'^2, \text{ avec argument } h'; \text{ Tables VIII d'Oppolzer;}
\end{aligned}
\right.
$$

et ainsi de suite, jusqu'à ce qu'on obtienne les mêmes valeurs de h avec deux approximations successives. En général, la valeur de ξ' est très petite et la première valeur de η'^2 est suffisante.

Quatrième Partie. — *Calcul des éléments,*

(1) $$\sin^2 \frac{1}{2} g' = \frac{m'}{\eta'^2} - l'.$$

(2) $$\left\{\begin{aligned} &\sigma \cos \frac{1}{2}\varphi \sin \frac{1}{2}(F' - G') = \cos \frac{1}{2}(f' + g') \operatorname{tang} 2\omega', \\ &\sigma \cos \frac{1}{2}\varphi \cos \frac{1}{2}(F' - G') = \sin \frac{1}{2}(f' + g') \operatorname{séc} 2\omega', \\ &\sigma \sin \frac{1}{2}\varphi \sin \frac{1}{2}(F' + G') = \cos \frac{1}{2}(f' - g') \operatorname{tang} 2\omega', \\ &\sigma \sin \frac{1}{2}\varphi \cos \frac{1}{2}(F' + G') = \sin \frac{1}{2}(f' - g') \operatorname{séc} 2\omega'. \end{aligned}\right.$$

Vérification :

$$\sigma = \frac{\sqrt{2m' \cos f'}}{\eta'}.$$

(3) $$\left\{\begin{aligned} &v'' = F' + f', \qquad E'' = G' + g', \\ &v = F' - f', \qquad E = G' - g'. \end{aligned}\right.$$

$$\operatorname{tang} \frac{1}{2} v = \operatorname{tang} \frac{1}{2} E \operatorname{tang}\left(45 + \frac{1}{2}\varphi\right), \qquad \operatorname{tang} \frac{1}{2} v'' = \operatorname{tang} \frac{1}{2} E'' \operatorname{tang}\left(45 + \frac{1}{2}\varphi\right).$$

(4) $$\left\{\begin{aligned} &p = \left(\frac{\eta' r' r'' \sin 2f'}{\theta'}\right)^2, \\ &a = p \operatorname{séc}^2 \varphi, \\ &\mu = \frac{K_1}{a^{\frac{3}{2}}}, \qquad \log K_1 = 3{,}5500066; \end{aligned}\right.$$

(5) $$\left\{\begin{aligned} &e'' = \frac{\sin \varphi}{\sin 1''}, \\ &M = E - e'' \sin E, \\ &M'' = E'' - e'' \sin E''. \end{aligned}\right.$$

Vérification :

(5') $$\left\{\begin{aligned} &\frac{M'' - M}{t'' - t} = \mu, \\ &v' = v + 2f'' = v'' - 2f, \\ &\operatorname{tang} \frac{1}{2} E' = \frac{\operatorname{tang} \frac{1}{2} v'}{\operatorname{tang}\left(45 + \frac{1}{2}\varphi\right)}, \\ &M' = E' - e'' \sin E', \\ &M' = M + (t' - t)\mu = M'' - (t'' - t')\mu, \\ &\log r = \log a + \log(1 - \sin \varphi \cos E), \\ &\log r' = \log a + \log(1 - \sin \varphi \cos E'), \\ &\log r'' = \log a + \log(1 - \sin \varphi \cos E''). \end{aligned}\right.$$

Calcul de i, Ω, ϖ :

$$(6)\qquad \begin{cases} \tan i \sin(l - \Omega) = \tan b, \qquad \tan i > 0, \\ \tan i \cos(l - \Omega) = \dfrac{\tan b'' - \tan b \cos(l'' - l)}{\sin(l'' - l)}, \end{cases}$$

d'où i et Ω rapportées à l'équinoxe moyen de janvier o de l'année.

$$(7)\qquad \begin{cases} \tan u = \dfrac{\tan(l - \Omega)}{\cos i}, \\ \tan u'' = \dfrac{\tan(l'' - \Omega)}{\cos i}, \end{cases}$$

$$(8)\qquad \begin{cases} \varpi = u + \Omega - w, \\ \varpi = u'' + \Omega - w''. \end{cases}$$

On publie généralement la longitude moyenne L_0 pour une époque ronde intermédiaire

$$L_0 = M_0 + \varpi.$$

Vérification finale. — On détermine, avec les éléments trouvés, les positions équatoriales de la planète aux temps des trois observations. A cet effet, on calcule d'abord les constantes de Gauss dont on a d'ailleurs besoin pour la construction d'une éphéméride. On les obtient par les formules suivantes

$$(9)\qquad \begin{cases} \tan N = \dfrac{\tan i}{\cos \Omega}, \\ \cot A = -\tan \Omega \cos i, \\ \cot B = \dfrac{\cos i \cos(N + \varepsilon)}{\tan \Omega \cos N \cos \varepsilon}, \\ \cot C = \dfrac{\cos i \sin(N + \varepsilon)}{\tan \Omega \cos N \sin \varepsilon}, \\ \sin a = \dfrac{\cos \Omega}{\sin A}, \qquad \sin b = \dfrac{\sin \Omega \cos \varepsilon}{\sin B}, \qquad \sin c = \dfrac{\sin \Omega \sin \varepsilon}{\sin C}. \end{cases}$$

N n'est déterminé qu'à un multiple près de π ; A, B, C sont choisis de façon que $\sin a$, $\sin b$, $\sin c$ soient positifs. Enfin, ε représente l'obliquité moyenne de l'écliptique à janvier o.

On vérifie ces calculs par la formule

$$(10)\qquad \tan i = \frac{\sin b \sin c \sin(C - B)}{\sin a \cos A}.$$

Les coordonnées héliocentriques de la planète sont, aux époques des observations

$$(11)\quad\left\{\begin{array}{lll} x = r\sin a\sin(u+A), & x' = r'\sin(u'+A)\sin a, & x'' = r''\sin a\sin(u''+A),\\ y = r\sin b\sin(u+B), & y' = r'\sin b\sin(u'+B), & y'' = r''\sin b\sin(u''+B),\\ z = r\sin c\sin(u+C), & z' = r'\sin c\sin(u'+C), & z'' = r''\sin c\sin(u''+C); \end{array}\right.$$

r, r', r'' ont été calculés précédemment par les formules (5)$'$; u, u'' par les formules (7) et

$$u' = \omega' + \varpi - \Omega.$$

On cherche dans la *Connaissance des Temps* les coordonnées rectilignes du ⊙, rapportées à l'équinoxe moyen de janvier o de l'année, pour les temps des observations corrigés de l'aberration.

Soient X, Y, Z; X$'$, Y$'$, Z$'$; X$''$, Y$''$, Z$''$ ces coordonnées.

Les coordonnées géocentriques sont données par les formules

$$(12)\quad\left\{\begin{array}{lll} \rho\cos\omega_2\cos\mathcal{A}_2 = x + X, & \rho'\cos\omega'_2\cos\mathcal{A}'_2 = x' + X', & \rho''\cos\omega''_2\cos\mathcal{A}''_2 = x'' + X'',\\ \rho\cos\omega_2\sin\mathcal{A}_2 = y + Y, & \rho'\cos\omega'_2\sin\mathcal{A}'_2 = y' + Y', & \rho''\cos\omega''_2\sin\mathcal{A}''_2 = y'' + Y'',\\ \rho\sin\omega_2 = z + Z, & \rho'\sin\omega'_2 = z' + Z', & \rho''\sin\omega''_2 = z'' + Z''. \end{array}\right.$$

Les valeurs de ω_2, ω'_2, ω''_2; $\mathcal{A}_2$, $\mathcal{A}'_2$, $\mathcal{A}''_2$ ainsi obtenues sont les coordonnées géocentriques rapportées à l'équinoxe de janvier o. Elles ne sont pas directement comparables aux coordonnées elles-mêmes, qui sont rapportées à l'équinoxe vrai du jour; mais, en négligeant la parallaxe et l'aberration des fixes, les valeurs de ω_2, ω'_2, ω''_2; $\mathcal{A}_2$, $\mathcal{A}'_2$, $\mathcal{A}''_2$ doivent coïncider avec celles que l'on a obtenues, au commencement des calculs, en rapportant les coordonnées observées à l'équinoxe moyen de janvier o.

20. **Première détermination des éléments d'une orbite elliptique, avec trois observations, quand l'intervalle des observations extrêmes est au moins égal à deux mois.**

Première partie. — *Préparation des observations.* — Transformations, de (I) à (IV) inclusivement, du cas ordinaire.

(IV)$'$. Quand les observations sont réparties sur deux années différentes, on réduit les observations de chaque année à l'équinoxe de janvier o correspondant; on passe ensuite d'un équinoxe à l'autre en corrigeant de la précession, qui est donnée par les formules suivantes :

Pour les $\mathcal{R}$

$$m + n\operatorname{tang} D_1\sin\mathcal{R}_1;$$

Pour les D

$$n\cos\mathcal{R}_1.$$

On obtient ainsi les ascensions droites et les déclinaisons corrigées.

(V). On obtient les longitudes et les latitudes, comme dans le cas ordinaire.

DEUXIÈME PARTIE. — *Détermination des premières valeurs approchées des distances de la planète à la Terre.* — Mêmes formules que dans le cas précédent.

On corrige ensuite les temps de l'aberration.

$t_1 = t - \rho s$,	$\vartheta_1 = \mathbf{K}(t_1'' - t_1')$,	$\mathrm{P}_1 = \dfrac{\vartheta_1''}{\vartheta_1}$,	
$t_1' = t' - \rho' s$,	$\vartheta_1' = \mathbf{K}(t_1'' - t_1)$,	$\dfrac{\mathrm{P}_1 + 1}{\mathrm{A} + \mathrm{P}_1 \mathrm{B}} s = d_1$,	
$t_1'' = t'' - \rho'' s$,	$\vartheta_1'' = \mathbf{K}(t_1' - t_1)$,	$\Omega_1 \sin\omega_2 = d_1 \sin\sigma_1$	$180 > \Omega_1 > 0$.
$\log s = 7,76056$,	$\log \mathbf{K} = 8,235581$,	$\Omega_1 \cos\omega_2 = d_1 \cos\sigma_1 - 1$	

Les calculs indiqués par les formules, de (X) à (XVI), étaient provisoires; on les recommence avec les valeurs des temps corrigés de l'aberration.

On obtient ainsi des valeurs plus approchées des distances de la planète à la Terre.

TROISIÈME PARTIE. — *Calcul des lieux héliocentriques extrêmes.* — Mêmes formules que dans le cas ordinaire.

QUATRIÈME PARTIE. — *Calcul des éléments.* — Mêmes formules que dans le cas ordinaire.

21. Deuxième détermination des éléments d'une orbite elliptique, avec trois nouvelles observations.

PREMIÈRE PARTIE. — *Préparation des observations.* — On calcule à 7 décimales et l'on se sert, pour simplifier les différents calculs des Tables que nous avons indiquées dans la détermination d'une première orbite.

(I). On convertit les temps des observations en temps moyens de Paris.

(II). On calcule, avec les éléments approchés, les distances ρ, ρ_1, ρ_2 de la planète à la Terre aux temps des trois observations.

S'il y a une éphéméride on emploie, à cet effet, les constantes de Gauss A, B, C, a, b, c; et l'on obtient ρ, ρ', ρ'' par les formules (9), (11) et (12) du n° 19. Dans le cas contraire on calcule directement avec les premières valeurs approchées des éléments, la valeur de ρ pour chaque temps d'observation. Soit M_0 l'anomalie moyenne, publiée pour le temps t_0; on a, pour le temps t, avec les mêmes notations que plus haut

$$M = M_0 + (t - t_0)\mu,$$

$$E = M + \frac{e}{\sin 1''}\sin E,$$

$$\sqrt{r}\cos\frac{v}{2} = \sqrt{2a}\cos\left(45 + \frac{\varphi}{2}\right)\cos\frac{E}{2},$$

$$\sqrt{r}\sin\frac{v}{2} = \sqrt{2a}\sin\left(45 + \frac{\varphi}{2}\right)\sin\frac{E}{2},$$

$$u = v + \pi - ☊,$$

$$\rho^2 = r^2 + R^2 + 2Rr[\cos(\Theta - ☊)\cos u + \sin(\Theta - ☊)\sin u \cos i].$$

On corrige les temps de l'aberration, c'est-à-dire des quantités ρs, $\rho' s$, $\rho'' s$, ($\log s = 2,69708$). On obtient ainsi

$$t = t_0 - \rho s, \qquad t' = t'_0 - \rho' s, \qquad t'' = t''_0 - \rho'' s.$$

On tient compte de la parallaxe en ajoutant aux ascensions droites et aux déclinaisons les corrections $\delta'\mathcal{A}$ et $\delta'\mathcal{D}$ données par les formules

$$(13)' \quad \begin{cases} \operatorname{tang}\gamma = \dfrac{\operatorname{tang}\varphi'}{\cos(\Theta - ☊)}, \\[2ex] \delta'\mathcal{A} = \pi h \dfrac{\cos\varphi'}{\rho}\dfrac{\sin(\Theta - \mathcal{A})}{\cos\mathcal{D}}, \\[2ex] \delta'\mathcal{D} = \pi h \dfrac{\sin\varphi'}{\rho}\dfrac{\sin(\gamma - \mathcal{D})}{\sin\gamma}; \end{cases}$$

$\delta'\mathcal{A}$ et $\delta'\mathcal{D}$ ont respectivement des signes contraires des $\delta\mathcal{A}$ et $\delta\mathcal{D}$, données au n° 19, pour passer des coordonnées calculées et rapportées au centre de la Terre aux coordonnées observées.

Enfin, on rapporte les observations à l'équinoxe moyen de janvier o de l'année en ajoutant aux corrections observées, les quantités

$$\delta^2\mathcal{A} = -[f + g\sin(G + \mathcal{A})\operatorname{tang}\mathcal{D}],$$

$$\delta^2\mathcal{D} = -\quad g\cos(G + \mathcal{A}).$$

Tous les coefficients qui entrent dans les formules précédentes sont donnés dans la *Connaissance des Temps* par les Tables que nous avons déjà indiquées.

On transforme les ascensions droites et les déclinaisons ainsi corrigées en longitudes et latitudes par les formules déjà citées.

On cherche dans la *Connaissance des Temps* les coordonnées écliptiques du Soleil aux époques t, t', t'' et, pour ne pas avoir à tenir compte de ses latitudes B, B', B'', on fait subir à celles de la planète une correction que nous allons déterminer.

Soient : S le centre de gravité du Soleil, T celui de la Terre, T_1 la projection de T sur le plan de l'écliptique fixe, choisi comme plan fondamental : P la planète, α et β la longitude et la latitude de TP. Pour tenir compte de la latitude du Soleil, il suffit de substituer T_1 à T, la longitude ne change pas et la latitude β devient β_1. On a, dans le triangle TPT_1,

$$\frac{\sin P}{TT_1} = \frac{\sin(90 - \beta)}{T_1P};$$

P est très petit : on peut donc remplacer la formule précédente par

$$P = \frac{\cos\beta}{\rho} TT_1,$$

$$P = \frac{BR\cos\beta}{\rho},$$

$$\beta_1 = \beta - \frac{B\cos\beta}{\rho}.$$

On peut donc tenir compte de la latitude du Soleil en ajoutant respectivement à celles de la planète les corrections

$$-\frac{B\cos\beta}{\rho}, \qquad -\frac{B'\cos\beta'}{\rho'}, \qquad -\frac{B''\cos\beta''}{\rho''}.$$

Deuxième partie. — *Détermination des distances de la planète à la Terre.* — Formules, de (I) à (IX) inclusivement, du cas général.

$$(\mathrm{X})' \quad \begin{cases} \theta = K(t'' - t'), \\ \theta' = K(t'' - t), \qquad \log K = 8.2355814; \\ \theta'' = K(t' - t). \end{cases}$$

$$(\mathrm{XI})' \quad \begin{cases} P = \dfrac{\theta''}{\theta}, \\ \dfrac{P+1}{A+BP}\,S = d, \\ \Omega\sin\omega_1 = d\sin\sigma, \qquad \Omega > 0, \\ \Omega\cos\omega_1 = d\cos\sigma - 1, \\ \mathfrak{M}'' = \dfrac{\mathfrak{M}'}{\Omega}. \end{cases}$$

On calcule ensuite, avec les valeurs données des éléments, des valeurs approchées des rayons vecteurs et des longitudes de la planète. En employant les mêmes notations que plus haut, on a

$$
(\mathrm{XII})' \quad \left\{
\begin{aligned}
&\mathrm{M} = \mathrm{M}_0 + \mu(t - t_0),\\
&\mathrm{E} - e''\sin\mathrm{E} = \mathrm{M},\\
&\sqrt{r}\sin\frac{v}{2} = \sqrt{2a}\sin\left(45 + \frac{\varphi}{2}\right)\sin\frac{\mathrm{E}}{2},\\
&\sqrt{r}\cos\frac{v}{2} = \sqrt{2a}\cos\left(45 + \frac{\varphi}{2}\right)\cos\frac{\mathrm{E}}{2},
\end{aligned}
\right.
\quad \text{ou encore} \quad
\left\{
\begin{aligned}
&r\sin v = a\cos\varphi\sin\mathrm{E},\\
&r\cos v = a(\cos\mathrm{E} - \sin\varphi).
\end{aligned}
\right.
$$

Mêmes formules pour les temps t' et t''

$$(\mathrm{XIII})' \qquad 2f = v'' - v', \qquad 2f' = v'' - v, \qquad 2f' = v' - v;$$

$$m = \frac{g^2}{(2\sqrt{r'r''}\cos f)^3}, \qquad m' = \frac{g'^2}{(2\sqrt{rr''}\cos f')^3}, \qquad m'' = \frac{g''^2}{(2\sqrt{rr'}\cos f'')^3};$$

$$\mathrm{tang}(45 + \omega) = \sqrt[4]{\frac{r''}{r'}}, \qquad \mathrm{tang}(45 + \omega') = \sqrt[4]{\frac{r''}{r}}, \qquad \mathrm{tang}(45 + \omega'') = \sqrt[4]{\frac{r'}{r}};$$

$$\lambda = \frac{\sin^2\frac{1}{2}f + \mathrm{tang}^2 2\omega}{\cos f}, \qquad \lambda' = \frac{\sin^2\frac{1}{2}f' + \mathrm{tang}^2 2\omega'}{\cos f'}, \qquad \lambda'' = \frac{\sin^2\frac{1}{2}f'' + \mathrm{tang}^2 2\omega''}{\cos f'};$$

$$h = \frac{m}{\frac{5}{6} + \lambda}, \qquad h' = \frac{m'}{\frac{5}{6} + \lambda'}, \qquad h'' = \frac{m''}{\frac{5}{6} + \lambda''};$$

Avec les Tables VIII d'Oppolzer, on calcule

$$\log\eta^2, \qquad \log\eta'^2, \qquad \log\eta''^2,$$

$$x = \frac{m}{\eta^2} - \lambda, \qquad x' = \frac{m'}{\eta'^2} - \lambda', \qquad x'' = \frac{m''}{\eta''^2} - \lambda''.$$

Avec les Tables IX d'Oppolzer, on détermine

$$\xi, \quad \xi', \quad \xi''.$$

On calcule de nouveau

$$h = \frac{m}{\frac{5}{6} + \lambda + \xi}, \qquad h' = \frac{m'}{\frac{5}{6} + \lambda' + \xi'}, \qquad h'' = \frac{m''}{\frac{5}{6} + \lambda'' + \xi''}.$$

Avec les Tables d'Oppolzer on détermine de nouvelles valeurs des ξ, puis des h et ainsi de suite jusqu'à ce qu'on obtienne les mêmes valeurs des h avec deux approximations successives. En général, la première approximation suffit. On a ensuite

$$\eta - 1 = \frac{h}{\eta^2}\left(\eta + \frac{1}{9}\right), \qquad \eta' - 1 = \frac{h'}{\eta'^2}\left(\eta' + \frac{1}{9}\right), \qquad \eta'' - 1 = \frac{h''}{\eta''^2}\left(\eta'' + \frac{1}{9}\right);$$

$$Y = \frac{(\eta'-1)-(\eta''-1)}{\eta''}\,2r'^3,$$

$$Y'' = \frac{(\eta'-1)-(\eta-1)}{\eta}\,2r'^3;$$

$$(\text{XIV})' \quad \left\{ \begin{aligned} Q &= \frac{AY''+BPY}{A+BP}, \\ \mathfrak{M} &= \mathfrak{M}''\Omega, \\ \mathfrak{M}\sin^4 z &= \sin(z-\omega_1), \\ \rho' &= \frac{R'}{\sin z}\sin(\delta - z), \\ r' &= \frac{R'}{\sin z}\sin\delta; \end{aligned} \right.$$

$$(\text{XIV})' \quad \left\{ \begin{aligned} n'' &= \frac{\rho''}{\rho'}\left(1 + \frac{Y}{2r'^3}\right), \\ n &= \frac{\rho}{\rho'}\left(1 + \frac{Y''}{2r'^3}\right), \\ \rho &= \frac{(N-n)a_0 + (N''-n'')b_0 - c_0\rho'}{n}, \\ \rho'' &= \frac{(N-n)a''_0 + (N''-n'')b''_0 + c''_0\rho'}{n''}; \end{aligned} \right.$$

$$(\text{XV})' \quad \left\{ \begin{aligned} r\cos b\cos(l-\alpha) &= \rho\cos\beta - R_x, \\ r\cos b\sin(l-\alpha) &= R_y, \\ r\sin b &= \rho\sin\beta, \\ r''\cos b''\cos(l''-\alpha'') &= \rho''\cos\beta'' - R''_x, \\ r''\cos b''\sin(l''-\alpha'') &= R''_y, \\ r''\sin b'' &= \rho''\sin\beta''; \end{aligned} \right.$$

$$(\text{XVI})' \quad \left\{ \begin{aligned} \sin^2 f' &= \cos b\cos b''\sin^2\frac{l''-l}{2} + \sin^2\frac{b''-b}{2}, \\ \sin 2f &= \frac{r}{r'}\,n\sin 2f', \\ \sin 2f'' &= \frac{r''}{r'}\,n''\sin 2f'. \end{aligned} \right.$$

Vérification :

$$2f'' + 2f = 2f'.$$

Troisième partie. — *Calcul des éléments.* — Mêmes formules que pour une première orbite.

Quatrième partie. — *Calcul des éléments.* — Même formule que dans la première détermination, comme on l'a fait dans la détermination d'une première orbite (Troisième partie).

22. Calcul de l'éphéméride d'une petite planète. — On détermine, avec les éléments, les ascensions droites et les déclinaisons de la planète, à des intervalles de temps égaux, généralement de quatre en quatre jours et pour minuit, temps moyen de Paris.

Nous indiquons les calculs à effectuer pour chaque date, exprimée en jours et fractions décimales de jour.

On commence à déterminer l'anomalie moyenne

$$M = M_0 + \mu(t - T_0).$$

On en déduit l'anomalie excentrique par l'équation

$$E - e'' \sin E = M.$$

On résout cette équation par approximations successives

$$E_0 = M, \qquad E_1 = M + e'' \sin E_0, \qquad E_2 = M + e'' \sin E_1, \qquad \dots.$$

Avec trois approximations on a déjà une valeur très approchée E'. On pose

$$E = E' + x, \qquad \sin E = \sin E' + x \cos E' + \dots,$$

et l'on substitue dans l'équation de Képler. On a ainsi

$$x + E' = e''(\sin E' + x \cos E') + M,$$

$$x = \frac{M - E' + e'' \sin E'}{1 - e'' \cos E'},$$

$$E = E' + \frac{M - E' + e'' \sin E'}{1 - e \cos E'};$$

dans cette formule e et e'' représentent l'excentricité; mais e est un nombre abstrait tandis que e'' est exprimé en secondes d'arc.

On a ensuite r et v par les équations

$$\sqrt{r} \sin \frac{v}{2} = \sqrt{a(1+e)} \sin \frac{E}{2} = \sqrt{2a} \sin\left(45 + \frac{\varphi}{2}\right) \sin \frac{E}{2},$$

$$\sqrt{r} \cos \frac{v}{2} = \sqrt{a(1-e)} \cos \frac{E}{2} = \sqrt{2a} \cos\left(45 + \frac{\varphi}{2}\right) \cos \frac{E}{2}.$$

On introduit les constantes de Gauss, A, B, C, α, β, γ qui ont été calculées pour la vérification du lieu moyen. On pose

$$A' = A + \varpi - \Omega,$$
$$B' = B + \omega - \Omega,$$
$$C' = C + \omega - \Omega.$$

La première est plus simple, mais, si r est voisin de $45°$, l'erreur est plus grande.

Les coordonnées héliocentriques de la planète sont

$$\begin{cases} x = \alpha r \sin(v + A'), \\ y = \beta r \sin(v + B'), \\ z = \gamma r \sin(v + C'). \end{cases}$$

On cherche dans la *Connaissance des Temps* les coordonnées X, Y, Z du Soleil; elles y sont données pour minuit moyen. On obtient, la distance ρ de la planète à la Terre, son ascension droite et sa déclinaison par les formules

$$\begin{cases} \rho \cos\mathcal{D} \cos\mathcal{A} = x + X, \\ \rho \cos\mathcal{D} \sin\mathcal{A} = y + Y, \\ \rho \sin\mathcal{D} \qquad\quad = z + Z. \end{cases}$$

On passe à l'équinoxe vrai du jour en ajoutant les corrections

$$\delta'\mathcal{A} = f + g \sin(G + \mathcal{A}) \operatorname{tang}\mathcal{D},$$
$$\delta'\mathcal{D} = g \cos(G + \mathcal{A});$$

les coefficients f, g, G sont donnés dans la *Connaissance des Temps*, comme nous l'avons indiqué plus haut. On calcule habituellement les valeurs de $\delta'\mathcal{A}$, $\delta'\mathcal{D}$ de huit en huit jours et l'on interpole.

On convertit les ascensions droites corrigées en heures, minutes et secondes avec les Tables VIII de la *Connaissance des Temps*.

Pour comparer les positions calculées aux positions observées il faut retrancher des temps des observations les temps de l'aberration, comme nous l'avons indiqué plus haut.

Remarque. — Pour faciliter aux astronomes la recherche d'une petite planète, on ajoute généralement à l'éphéméride certaines quantités qui font connaître la date de l'opposition, l'éclat du corps céleste et l'intensité de la lumière qu'il envoie.

Nous reproduisons à ce sujet quelques-unes des indications données dans le

Traité de la détermination des orbites d'Oppolzer (Traduction française de la deuxième édition, p. 269).

1° On obtient la date de l'opposition en déterminant l'époque à laquelle la longitude géocentrique de la planète est égale à la longitude héliocentrique de la Terre. On se sert, à cet effet, de la formule

$$\tang(l - \Omega) = \tang u \cos i.$$

On compare, dans le voisinage de l'opposition, les longitudes héliocentriques de la planète et de la Terre, à des intervalles de temps de vingt jours. En tenant compte des différences successives ainsi trouvées, on obtient par interpolation le moment de l'opposition à une heure près, et cela suffit pour l'observation.

2° On exprime l'intensité lumineuse d'une petite planète à différentes distances de la Terre et du Soleil en prenant comme unité l'intensité qu'aurait la planète si sa distance héliocentrique était égale au demi grand axe de son orbite a, et sa distance géocentrique à $a - 1$.

En désignant par J l'intensité à l'époque où ces distances sont respectivement ρ, r, on a

$$J = \frac{a^2(a-1)^2}{r^2\rho^2}.$$

Pour fixer l'éclat apparent, c'est-à-dire la classe ou la grandeur d'une petite planète, on admet que le rapport h des intensités de lumière de deux classes consécutives d'étoiles est à peu près constant. L'expérience conduit à prendre pour h la valeur moyenne

$$h = 0,40.$$

La grandeur d'une planète dans les circonstances où son intensité est égale à 1 est appelée *sa grandeur moyenne* m_0. En désignant par M et J la grandeur apparente et l'intensité à l'époque où les distances au Soleil et à la Terre sont respectivement r et ρ, on a

$$J = h^{m_0 - M},$$

$$M = m_0 - \frac{\log J}{\log h}.$$

Après avoir remplacé h et J par leurs valeurs, il vient à très peu près

$$M = m_0 + 5\log(\rho r) - 5\log(a^2 - a),$$

et, en posant

$$g = m_0 - 5\log(a^2 - a),$$

on a

$$M = g + 5\log(\rho r).$$

La valeur de g se déduit d'une valeur de M donnée par l'observation et la formule précédente donne la valeur de M à l'époque de l'opposition.

23. Calcul de l'orbite elliptique d'une planète à l'aide des observations de toute une opposition. Méthode d'Oppolzer. — On calcule une orbite elliptique ou circulaire avec trois observations distantes les unes des autres d'un intervalle de quinze jours, au moins.

On compare les coordonnées ainsi calculées aux coordonnées observées et l'on forme une première série de lieux normaux, en faisant les calculs avec sept décimales.

On réunit toutes les observations qui paraissent acceptables et avec trois d'entre elles on calcule de nouveaux éléments, en profitant de la première éphéméride.

On forme ensuite des lieux normaux équidistants et plus exacts que les premiers.

On considère, comme étant exactes, les ascensions droites et les déclinaisons géocentriques des lieux extrêmes, et l'on se propose de déterminer les distances correspondantes de la planète à la Terre, de façon à représenter aussi bien que possible les lieux intermédiaires.

Soient aux lieux extrêmes :

$\mathcal{A}$, $\mathcal{D}$, ρ; $\mathcal{A}_i$, $\mathcal{D}_i$, ρ_i les coordonnées équatoriales géocentriques;

α, β, r; α_i, β_i, r_i les coordonnées équatoriales héliocentriques;

t et t_i les temps.

On calcule ρ et ρ_i avec l'éphéméride et l'on corrige les temps de l'aberration

$$T = t - \rho s, \qquad T_i = t_i - \rho_i s, \qquad \log s = 7{,}76056.$$

On détermine aux temps T et T_i les coordonnées X, Y, Z; X_i, Y_i, Z_i du Soleil. Les coordonnées héliocentriques sont données par les formules

$$(1) \quad \left\{\begin{aligned} r\cos\beta\cos\alpha &= \rho\cos\mathcal{D}\cos\mathcal{A} - X,\\ r\cos\beta\sin\alpha &= \rho\cos\mathcal{D}\sin\mathcal{A} - Y,\\ r\sin\beta &= \rho\sin\mathcal{D} \qquad\quad - Z.\end{aligned}\right. \qquad \left\{\begin{aligned} &r_i\cos\beta_i\cos\alpha_i = \rho_i\cos\mathcal{D}_i\cos\mathcal{A}_i - X_i,\\ &\ldots\ldots\ldots\ldots\ldots\ldots\ldots\ldots\\ &\ldots\ldots\ldots\ldots\ldots\ldots\ldots\ldots\end{aligned}\right.$$

On en déduit $2f'$

$$(2) \qquad \sin^2 f' = \cos\beta\cos\beta_i \sin^2\frac{\alpha_i - \alpha}{2} + \sin^2\frac{\beta_i - \beta}{2}.$$

On obtient η' et g' par les mêmes calculs que dans la détermination d'une première orbite :

(3)

$$\theta' = K(T_i - T),$$

$$m' = \frac{\theta'^2}{(2\sqrt{rr_i}\cos f')^3},$$

$$\operatorname{tang}(45 + \omega') = \sqrt[4]{\frac{r_i}{r}},$$

$$\lambda' = \frac{\sin^2\frac{1}{2}f' + \operatorname{tang}^2 2\omega'}{\cos f'},$$

$$h' = \frac{m'}{\frac{5}{6} + \lambda'},$$

$\log \eta_i'^2$, avec les Tables IX d'Oppolzer,

$$x' = \frac{m'}{\eta_i'^2} - \lambda',$$

ξ', avec les Tables X d'Oppolzer,

$$h' = \frac{m'}{\frac{5}{6} + \lambda' + \xi'},$$

$\log \eta_i'^2$ (Tables IX d'Oppolzer),

$$x' = \frac{m'}{\eta_i'^2} - \lambda',$$

$$\ldots\ldots\ldots\ldots,$$

$$\sin^2\frac{1}{2}g' = \frac{m'}{\eta_i'^2} - \lambda'.$$

On calcule les éléments par les formules de (1) à (8) du cas général; toutefois, on doit y remplacer les longitudes héliocentriques l, l' par les ascensions droites α, α_i; les latitudes b et b' par les déclinaisons β, β_i. Le plan fondamental est l'équateur moyen du 1er janvier de l'année.

On calcule les coordonnées de la planète pour l'époque de chaque lieu normal intermédiaire, corrigée de l'aberration. Soit T_1 un temps ainsi corrigé. On a, en employant les notations habituelles,

$$M_1 = M + (T_1 - T)\mu = M_i - (T_i - T_1)\mu,$$

$$E_1 - e'' \sin E_1 = M_1,$$

$$r_1 \sin\frac{v_1}{2} = \sqrt{a(1+e)}\sin\frac{E_1}{2},$$

$$r_1 \cos\frac{v_1}{2} = \sqrt{a(1-e)}\cos\frac{E_1}{2}.$$

Soient N' le nœud équatorial, i' l'inclinaison du plan de l'orbite sur l'équateur,

Fig. 14.

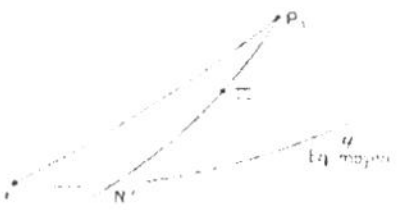

ω' la longitude xN' + N'π du périhélie, u'_1 l'argument N'P$_1$ de la déclinaison

$$u'_1 = v_1 + \omega' - \Omega'.$$

Les coordonnées équatoriales héliocentriques sont

$$x_1 = r_1(\cos\Omega' \cos u'_1 - \sin\Omega' \sin u'_1 \cos i'),$$
$$y_1 = r_1(\sin\Omega' \cos u'_1 + \cos\Omega' \sin u'_1 \cos i'),$$
$$z_1 = r_1 \sin u'_1 \sin i'.$$

On met ces formules sous la forme donnée par Gauss, en posant

$$\cos\Omega' = \alpha_1 \sin A_1, \quad -\sin\Omega' \cos i' = \alpha_1 \cos A_1, \quad \alpha_1 > 0,$$
$$\sin\Omega' = \beta_1 \sin B_1, \quad \cos\Omega' \cos i' = \beta_1 \cos B_1, \quad \beta_1 > 0.$$

Il vient ainsi

$$x_1 = \alpha_1 r_1 \sin(u'_1 + A_1),$$
$$y_1 = \beta_1 r_1 \sin(u'_1 + B_1),$$
$$z_1 = r_1 \sin i' \sin u'_1.$$

On pose ensuite

$$A_1 + \varpi' - \Omega' = A'_1,$$
$$B_1 + \varpi' - \Omega' = B'_1,$$
$$\varpi' - \Omega' = C'_1,$$

et l'on a

$$x_1 = \alpha_1 r_1 \sin(v_1 + A'_1),$$
$$y_1 = \beta_1 r_1 \sin(v_1 + B'_1),$$
$$z_1 = r_1 \sin(v_1 + C''_1),$$

On calcule les coordonnées géocentriques par les équations

$$\rho_1 \cos\omega_1 \cos\mathcal{L}_1 = x_1 + X_1,$$
$$\rho_1 \cos\omega_1 \sin\mathcal{L}_1 = y_1 + Y_1,$$
$$\rho_1 \sin\omega_1 = z_1 + Z_1.$$

Les valeurs ainsi trouvées correspondent à des valeurs approchées de ρ et ρ_i ou de $\log\rho$ et $\log\rho_i$. Imaginons qu'on recommence plusieurs fois les calculs précédents en donnant successivement à $\log\rho$ et $\log\rho_i$ les accroissements positifs ou négatifs q et q_i. Pour un même lieu normal intermédiaire, on trouvera ainsi différentes valeurs pour les ascensions droites et les déclinaisons géocentriques :

1° Aux valeurs $\log\rho$ et $\log\rho_i$ correspondront les coordonnées géocentriques $\mathcal{A}'_1$ et $\mathcal{D}'_1$;

2° Aux valeurs $\log\rho + q$ et $\log\rho_i$ correspondront les coordonnées géocentriques $\mathcal{A}''_1$ et $\mathcal{D}''_1$;

3° Aux valeurs $\log\rho$ et $\log\rho_i + q_i$ correspondront les coordonnées géocentriques $\mathcal{A}'''_1$ et $\mathcal{D}'''_1$;

4° Aux valeurs $\log\rho + q$ et $\log\rho_i + q_i$ correspondront les coordonnées géocentriques $\mathcal{A}^{IV}_1$ et $\mathcal{D}^{IV}_1$.

Enfin, soient $\mathcal{A}_1$ et $\mathcal{D}_1$ les coordonnées qui correspondent aux valeurs définitives $\log\rho + q'$ et $\log\rho_i + q'_i$.

Les valeurs $\log\rho$ et $\log\rho_i$ étant suffisamment approchées et, par suite, les accroissements q_i et q'_i étant petits, on a

$$\mathcal{A}''_1 = \mathcal{A}'_1 + \frac{\partial\mathcal{A}'_1}{\partial(\log\rho)}\,q + \ldots,$$

$$\mathcal{A}'''_1 = \mathcal{A}'_1 + \frac{\partial\mathcal{A}'_1}{\partial(\log\rho_i)}\,q_i + \ldots,$$

$$\mathcal{A}^{IV}_1 = \mathcal{A}'_1 + \frac{\partial\mathcal{A}'_1}{\partial(\log\rho)}\,q + \frac{\partial\mathcal{A}'_1}{\partial(\log\rho_i)}\,q_i + \ldots,$$

$$\mathcal{D}''_1 = \mathcal{D}'_1 + \frac{\partial\mathcal{D}'_1}{\partial(\log\rho)}\,q + \ldots,$$

$$\mathcal{D}'''_1 = \mathcal{D}'_1 + \frac{\partial\mathcal{D}'_1}{\partial(\log\rho_i)}\,q_i + \ldots,$$

$$\mathcal{D}^{IV}_1 = \mathcal{D}'_1 + \frac{\partial\mathcal{D}'_1}{\partial(\log\rho)}\,q + \frac{\partial\mathcal{D}'_1}{\partial(\log\rho_i)}\,q_i + \ldots,$$

et, très sensiblement,

$$\mathcal{A}^{IV}_1 - \mathcal{A}'_1 = (\mathcal{A}''_1 - \mathcal{A}'_1) + (\mathcal{A}'''_1 - \mathcal{A}'_1),$$
$$\mathcal{D}^{IV}_1 - \mathcal{D}'_1 = (\mathcal{D}''_1 - \mathcal{D}'_1) + (\mathcal{D}'''_1 - \mathcal{D}'_1).$$

Le calcul des éléments avec $\log\rho + q$ et $\log\rho_i + q_i$ fournit donc une vérification des calculs précédents.

Les formules précédentes conduisent à la détermination des valeurs exactes de $\log\rho$ et de $\log\rho_i$. On en tire, en effet,

$$\left\{\begin{aligned} \frac{\partial\mathcal{A}'_1}{\partial(\log\rho)} &= \frac{\mathcal{A}''_1 - \mathcal{A}'_1}{q}, \\ \frac{\partial\mathcal{A}'_1}{\partial(\log\rho_i)} &= \frac{\mathcal{A}'''_1 - \mathcal{A}'_1}{q_i}, \end{aligned}\right. \qquad \left\{\begin{aligned} \frac{\partial\omega'_1}{\partial(\log\rho)} &= \frac{\omega''_1 - \omega'_1}{q}, \\ \frac{\partial\omega'_1}{\partial(\log\rho_i)} &= \frac{\omega'''_1 - \omega'_1}{q'}; \end{aligned}\right.$$

d'autre part,

$$\left\{\begin{aligned} \mathcal{A}_1 &= \mathcal{A}'_1 + \frac{\partial\mathcal{A}'_1}{\partial(\log\rho)}q' + \frac{\partial\mathcal{A}'_1}{\partial(\log\rho_i)}q'_i, \\ \omega_1 &= \omega'_1 + \frac{\partial\omega'_1}{\partial(\log\rho)}q' + \frac{\partial\omega'_1}{\partial(\log\rho_i)}q'_i. \end{aligned}\right.$$

Les accroissements définitifs q' et q'_i doivent être déterminés de façon que les coordonnées ainsi calculées, pour chaque lieu normal, diffèrent le moins possible des coordonnées $(\mathcal{A}_1)$, (ω_1) que l'on déduit directement des observations. Chaque lieu normal intermédiaire fournit donc deux équations en q' et q'_i :

$$\left\{\begin{aligned} &q'\frac{\mathcal{A}''_1 - \mathcal{A}'_1}{q} + q'_i\frac{\mathcal{A}'''_1 - \mathcal{A}'_1}{q_i} + \mathcal{A}'_1 = (\mathcal{A}_1), \\ &q'\frac{\omega''_1 - \omega'_1}{q} + q'_i\frac{\omega'''_1 - \omega'_1}{q_i} + \omega'_1 = (\omega_1), \end{aligned}\right.$$

$$\left\{\begin{aligned} &q'\frac{\mathcal{A}''_2 - \mathcal{A}'_2}{q} + q'_i\frac{\mathcal{A}'''_2 - \mathcal{A}'_2}{q_i} + \mathcal{A}'_2 = (\mathcal{A}_2), \\ &q'\frac{\omega''_2 - \omega'_2}{q} + q'_i\frac{\omega'''_2 - \omega'_2}{q_i} + \omega'_2 = (\omega_2), \end{aligned}\right.$$

$$\ldots\ldots\ldots\ldots\ldots\ldots\ldots\ldots\ldots\ldots$$

Ces équations sont de la forme

$$\begin{aligned} &\mu_1 q' + \nu_1 q'_i = x_1, \\ &\mu_2 q' + \nu_2 q'_i = x_2, \\ &\ldots\ldots\ldots\ldots\ldots \end{aligned}$$

Elles sont linéaires en q' et q'_i; on les résout par la méthode des moindres carrés. Avec ces valeurs $\log\rho + q'$ et $\log\rho_i + q'_i$, on détermine, par la méthode qui a été indiquée au début de ce paragraphe, des valeurs très approchées des éléments.

On obtient encore une vérification en cherchant, avec les derniers éléments calculés, les résidus qui correspondent aux lieux normaux intermédiaires; ils doivent être sensiblement égaux à ceux que laissent les équations correspondantes dans la détermination de q' et q'_i.

Dans les calculs précédents, le plan de l'équateur moyen du 1er janvier a été choisi comme plan fondamental. Il nous reste à indiquer les transformations que l'on doit faire pour rapporter les éléments à l'écliptique moyen de la même époque.

Soient :

xy' le plan de l'équateur;
xy le plan de l'écliptique;

Fig. 15.

$N'N\pi$ le plan de l'orbite;
i son inclinaison sur l'écliptique;
i' » sur l'équateur

$$xN = \Omega, \qquad xN' = \Omega', \qquad NN' = w.$$

En appliquant les formules de Delambre au triangle xNN', on a

$$\left\{\begin{aligned}
\sin\tfrac{1}{2}i\sin\tfrac{1}{2}(\Omega + w) &= \sin\tfrac{1}{2}\Omega'\sin\tfrac{1}{2}(i' + \varepsilon),\\
\sin\tfrac{1}{2}i\cos\tfrac{1}{2}(\Omega + w) &= \cos\tfrac{1}{2}\Omega'\sin\tfrac{1}{2}(i' - \varepsilon),\\
\cos\tfrac{1}{2}i\sin\tfrac{1}{2}(\Omega - w) &= \sin\tfrac{1}{2}\Omega'\cos\tfrac{1}{2}(i' + \varepsilon),\\
\cos\tfrac{1}{2}i\cos\tfrac{1}{2}(\Omega - w) &= \cos\tfrac{1}{2}\Omega'\cos\tfrac{1}{2}(i' - \varepsilon).
\end{aligned}\right.$$

On en déduit i, Ω, w.

Soient ϖ la longitude du périhélie comptée sur l'écliptique et ϖ' la même longitude comptée sur l'équateur. On a

$$\Omega + N\pi = \varpi,$$
$$\Omega' + w + N\pi = \varpi',$$

d'où

$$\varpi = \varpi' + \Omega - \Omega' - w.$$

On obtient ainsi les éléments définis.

24. **Calcul d'une orbite circulaire.** — Dans la détermination d'une orbite circulaire il n'y a que quatre inconnues : l'inclinaison i, la longitude du nœud ascendant Ω, le rayon de l'orbite a et l'argument u de la latitude à un instant donné. L'ascension droite et la déclinaison sont des fonctions de ces quatre in-

connues et du temps. Chaque observation fournit donc deux équations et, par suite, il suffit de deux observations. La considération des formules montre que, pour obtenir de bons résultats, il faut que l'intervalle des deux observations soit au moins de huit jours et au plus de vingt-cinq jours.

Dans les déterminations de ce genre, il est inutile de faire les calculs avec une très grande approximation : il suffit de 5 décimales. On néglige les changements de correction de précession, de nutation et d'aberration qu'il y aurait lieu de faire, pour deux observations différentes, dans des déterminations plus précises.

Soient :

t', t'' les temps des observations;
$\mathcal{A}'$, $\mathcal{A}''$ les ascensions droites géocentriques de la planète;
ω', ω'' ses déclinaisons;
L', L'' les longitudes du Soleil;
R', R'' ses distances de la Terre.

Nous supposons toutes ces quantités préalablement corrigées de l'aberration des fixes.

On calcule les longitudes géocentriques α', α'' et les latitudes β', β''. Dans les formules qui ont été indiquées plus haut, à cet effet, on prend pour ε l'obliquité moyenne de l'écliptique à l'époque $\frac{t'+t''}{2}$. Les éléments que l'on calcule sont rapportés à l'équinoxe correspondant. Les données sont ainsi :

$$t',\quad \alpha',\quad \beta',\quad L',\quad \log R',$$
$$t'',\quad \alpha'',\quad \beta'',\quad L'',\quad \log R''.$$

Soient :

S', T', P'; S'', T'', P'' les positions respectives du Soleil, de la Terre et de la planète aux temps t' et t'';
ρ', ρ'' les distances de la planète à la Terre;
a sa distance au Soleil.

Fig. 16.

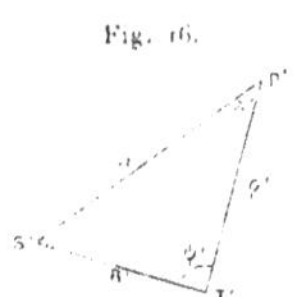

Considérons le triangle $S'T'P'$ et la figure géocentrique correspondante, xy étant l'écliptique. Posons

$$\widehat{S'T'P'} = \Delta', \quad \widehat{S'_1 P'_1} = \alpha'.$$

Dans le triangle sphérique $S'_1N'P'_1$, on a

$$N'P'_1 = \beta', \qquad N'S'_1 = \lambda' - L'.$$

Les observations étant généralement faites dans le voisinage de l'opposition, ψ'

Fig. 17.

est voisin de 180°. On le détermine donc par son sinus. On se sert des formules

$$(a') \qquad \begin{cases} \sin\omega' \sin\psi' = \sin\beta', \\ \cos\omega' \sin\psi' = \cos\beta' \sin(\lambda' - \mathrm{L}'), \\ \cos\psi' = \cos\beta' \cos(\lambda' - \mathrm{L}'). \end{cases}$$

Au temps t'', on trouverait de même

$$(a'') \qquad \begin{cases} \sin\omega'' \sin\psi'' = \sin\beta'', \\ \cos\omega'' \sin\psi'' = \cos\beta'' \sin(\lambda'' - \mathrm{L}''), \\ \cos\psi'' = \cos\beta'' \cos(\lambda'' - \mathrm{L}''). \end{cases}$$

D'autre part, dans le triangle S'T'P', on a

$$\frac{\rho'}{\sin(z' + \psi')} = \frac{\mathrm{R}'}{\sin z'} = \frac{a}{\sin\psi'},$$

et, dans le triangle S''T''P'', on aurait de même

$$\frac{\rho''}{\sin(z'' + \psi'')} = \frac{\mathrm{R}''}{\sin z''} = \frac{a}{\sin\psi''};$$

d'où

$$(b') \qquad \sin z' = \frac{\mathrm{R}'}{a} \sin\psi',$$

$$(b'') \qquad \sin z'' = \frac{\mathrm{R}''}{a} \sin\psi'',$$

$$(c') \qquad \rho' = \mathrm{R}' \frac{\sin(z' + \psi')}{\sin z'},$$

$$(c'') \qquad \rho'' = \frac{\mathrm{R}''}{a} \frac{\sin(z'' + \psi'')}{\sin z''},$$

On est donc conduit à déterminer a.

A cet effet, on introduit les coordonnées héliocentriques. Soient l', b'; l'', b'' les longitudes et les latitudes de la planète aux temps t' et t'' : projetons le contour S'T'P' sur les axes de coordonnées, nous aurons

$$\begin{cases} a\cos b'\cos l' = \rho'\cos\beta'\cos\lambda' - \mathrm{R}'\cos\mathrm{L}', \\ a\cos b'\sin l' = \rho'\cos\beta'\sin\lambda' - \mathrm{R}'\sin\mathrm{L}', \\ a\sin b' = \rho'\sin\beta'. \end{cases}$$

On simplifie ces formules en retranchant L' de toutes les longitudes : il vient

$$(d') \qquad \begin{cases} a\cos b'\cos(l'-\mathrm{L}') = \rho'\cos\beta'\cos(\lambda'-\mathrm{L}') - \mathrm{R}', \\ a\cos b'\sin(l'-\mathrm{L}') = \rho'\cos\beta'\sin(\lambda'-\mathrm{L}'), \\ a\sin b' = \rho'\sin\beta' ; \end{cases}$$

d'où

$$\operatorname{tang}(l'-\mathrm{L}') = \frac{\rho'\cos\beta'\sin(\lambda'-\mathrm{L}')}{\rho'\cos\beta'\cos(\lambda'-\mathrm{L}')-\mathrm{R}'}, \qquad \frac{\sin(l'-\mathrm{L}')}{\sin(\lambda'-\mathrm{L}')} > 0, \qquad \sin b' = \frac{\rho'}{a}\sin\beta'.$$

l' et b' sont ainsi déterminés sans ambiguïté.

On obtient l'' et b'' par des formules analogues.

On calcule ensuite l'arc héliocentrique f correspondant aux deux positions de la planète.

Dans le triangle sphérique ayant pour sommet le pôle de l'écliptique et les points P', P'', on a

$$\cos f = \sin b'\sin b'' + \cos b'\cos b''\cos(l''-l'),$$

f est petit, car les observations sont faites à des époques peu éloignées l'une de l'autre, on le calcule par son sinus. On trouve aisément, en partant de la formule précédente,

$$(h') \qquad \sin^2\tfrac{1}{2}f = \sin^2\frac{b''-b'}{2} + \cos b'\cos b''\sin^2\frac{l''-l'}{2}.$$

La troisième loi de Képler donne, avec les notations habituelles,

$$\frac{r^2\,dv}{dt} = \mathrm{k}\sqrt{p},$$

et, en supposant l'orbite circulaire, p et r sont égaux à a. Donc, en intégrant

$$v''-v' = \frac{\mathrm{k}}{a^{\frac{3}{2}}}(t''-t')$$

ou

$$(l') \qquad \tfrac{1}{2}f = \frac{\mathrm{k}_1}{a^{\frac{3}{2}}}(t''-t') \qquad \left(\mathrm{k}_1 = \frac{\mathrm{k}}{2}\right).$$

t'', t' sont exprimés en jours solaires moyens, f en secondes d'arc, et l'on a

$$\log k_1 = 3,2489766.$$

Au moyen de quelques essais et d'une simple interpolation, on arrive rapidement à la valeur de a. On sait que les demi-grands axes des petites planètes sont compris entre 2,2 et 3,5. On fait d'abord $a_0 = 2,5$, on calcule f par les formules (b'), (b''), (c'), (c''), (d'), (d'') et (h') d'une part, et par la formule (l') de l'autre.

Si la valeur prise pour a était exacte, les deux valeurs trouvées pour f seraient égales; s'il n'en est pas ainsi, on fait plusieurs essais jusqu'à ce que deux substitutions successives donnent, pour les deux valeurs de f, des différences de signe contraire. On achève la détermination de a par interpolation.

On calcule ensuite i, ☊ et les arguments de latitude par les mêmes formules que dans la méthode d'Olbers :

$$\left\{\begin{array}{l} \operatorname{tang} i \sin(l' - \Omega) = \operatorname{tang} b', \\ \operatorname{tang} i \cos(l' - \Omega) = \dfrac{\operatorname{tang} b'' - \operatorname{tang} b' \cos(l'' - l')}{\sin(l'' - l')}; \end{array}\right.$$

$$\left\{\begin{array}{l} \operatorname{tang} u' = \dfrac{\operatorname{tang}(l' - \Omega)}{\cos i}, \\ \operatorname{tang} u'' = \dfrac{\operatorname{tang}(l'' - \Omega)}{\cos i}. \end{array}\right.$$

On vérifie les résultats par les formules

$$u'' - u' = v'' - v' = f,$$

$$\frac{u'' - u'}{t'' - t'} = \frac{\mathrm{K}}{a^{\frac{3}{2}}} = \mu.$$

MODÈLE DE CALCUL D'ORBITE

Planète 1897. — D. J. (Grandeur 12,5). — Orbite provisoire.

			Ascension droite apparente.	Déclinaison apparente.
		h m s	h m s	° ′ ″
Nice	1897	Sept. 2 à 9.35. 0	22.22.12,53	4.37.43,0
Vienne	1897	» 27 à 11.38.54	22. 6.22,81	5.52.30,2
Vienne	1897	Oct. 19 à 8.46.12	22. 3.36,20	6.17.50,6

PREMIÈRE PARTIE.

Préparation des Observations.

	Première observation.	Deuxième observation.	Troisième observation.
Temps du lieu	sept. 2-9h35m0	sept. 27-11h38m54s	oct. 19-8h46m12s
Longit. du lieu + 10m aberr.	−29.51,2	1. 6,05	1. 6,05
Temps de Paris	9h5m8s,8	10h32m53s,5	7h40m11s,5
Temps de Paris	2,378574	27,439508	19,314908

Réduction à l'équinoxe de 1897,0.

	Sept. 2,38	Sept. 27,44	Oct. 19,32
δ	− 4.37,7	− 5.52,5	6.17,8
$\mathcal{A}$	335.33	331.36	330.54
G	343.45	344.43	346.18
$\mathcal{A}$ + G	319.18	316.19	317.12
log tang δ	8,9083	9,0124	− 9,0427
log sin($\mathcal{A}$ + G) (1)	9,8144	− 9,8393	9,8322
g	1,3046	1,3256	1,3424
cos($\mathcal{A}$ + G) (2)	9,8798	9,8592	9,8655
log(1)	0,0272	0,1775	0,2173
log(2)	1,1844	1,1848	1,2079
f	44.53	46.94	49.16
(1)	1.06	1.50	1.65
f + (1) = $R_{\mathcal{A}}$	45.59	48.44	50.81
$\mathcal{A}$	335.33. 7,94	331.35.42,14	330.54. 2,96
$\mathcal{A} - R_{\mathcal{A}}$	335.32.22,35	331.34.53,70	330.53.12,15
(2)	15,3	15,3	16,1
δ	− 4.37.43,0	− 5.52.30,2	− 6.17.50,6
$\delta - R\delta$	− 4.37.58,3	− 5.52.45,5	− 6.18. 6,7

Coordonnées du ☉.

	Première observation.	Deuxième observation.	Troisième observation.
L	160.13.30,95	184.36.49,32	206.21.34,71
ΔL	−58.10,31	−58.58,78	−59.42,48
log ΔL	3,542864	3,548854	3,554184
log δt	9,578146	9,642969	9,504580
log ΔL δt	3,121010	3,191823	3,058764
ΔL δt	22. 1,34	25.25,32	19. 4,88
L	160.35.32,29	185. 2.44,64	206.40.39,59
log R	0,0036215	0,0007066	9,997676
Δ(log R)	−1100	−1251	−1180
log Δ	− 6,04139$_n$	6,09726$_n$	6,07188
log Δ δt	5,61954$_n$	5,74023$_n$	5,57664$_n$
Δ(log R) δt	415	− 549	377
log R	0,0035800	0,0006517	9,9979299

Transformation des AR et D en longitudes et latitudes β.

AR	335.32.22,35	331.34.53,70	330.53.12,15
δ	− 4.37.58,3	− 5.52.45,4	− 6.18. 6,7
log tang δ	8,908675	9,012731$_n$	9,043102$_n$
log sin AR	9,617069	9,677522$_n$	9,687117$_n$
log tang N	9,291606	9,335209	9,355985
N	11. 4.23,57	12.12.33,14	12.47.17,63
ε	23.27. 9,46	23.27. 9,46	23.27. 9,46
N − ε	12.22.45,89	− 11.14.36,32	− 10.39.51,83
log cos(N − ε) } (1)	9,899783	9,991583	9,992433
log tang AR } (1)	9,657909$_n$	9,733288$_n$	9,745774$_n$
log séc N } (1)	8161	9936	10909
log(1) = tang α	9,655853$_n$	9,734807$_n$	9,749116$_n$
α	335.38.29,82	331.29.51,67	330.41.56,2
log tang(N − ε) } (2)	9,314410$_n$	9,298401$_n$	9,274870$_n$
log sin α } (2)	9,615364$_n$	9,678696$_n$	9,689662$_n$
log(2) = tang β	8,956774	8,977097	8,964532
β	+ 5.10.21,60	− 5.25. 8,53	− 5.15.55,37
log cos AR	9,959159	9,944233	9,941342
log cos δ } (1)	9,998578	9,997710	9,997368
log sin AR } (1)	9,617069$_n$	9,677522$_n$	9,687117$_n$
log cos ε } (1)	9,962553	9,962553	9,962553
log sin δ } (2)	8,907253$_n$	9,010441$_n$	9,040470$_n$
log sin ε } (2)	9,599873	9,599873	9,599873
log cos δ sin AR	9,615647	9,675232	9,684485

	Première observation.	Deuxième observation.	Troisième observation.
log(1)	9,578200$_n$	9,637785$_n$	9,647038$_n$
log(2)	8,507126$_n$	8,610314$_n$	8,640343$_n$
log(3) = cos δ sin A sin ε	9,215520	9,275105	9,284358
log(4) = sin δ cos ε	8,869806$_n$	8,972994$_n$	9,003023
(1)	− 0,378617	− 0,434295	− 0,443648
(2)	− 0,032146	0,040768	− 0,043686
(3)	+ 0,164256	+ 0,188410	+ 0,192468
(4)	− 0,074098	− 0,093971	− 0,100699
(1) + (2)	− 0,410763	0,475063	0,487334
(3) − (4)	− 0,090158	0,094439	0,091769
log[(1) + (2)]	9,613591$_n$	9,676751$_n$	9,687827$_n$
log cos δ cos A	9,957737	9,941943	9,938710
log[(3) + (4)]	8,955004	8,975151	8,962696
log tang α	9,655854$_n$	9,734808$_n$	9,749117$_n$
log sin β	8,955004	8,975151	8,962696
α	335.38.29,64	331.29.51,37	330.41.56,00
β	− 5.10.21,70	− 5.25. 8,50	− 5.15.55,39

DEUXIÈME PARTIE.

Calcul des valeurs approchées des distances de la planète de la Terre.

L″	206.40.39.59
L′	185. 2.44,64
L	160.35.32,29
L″ − L′	21.37.54,95
L″ − L	46. 5. 7,30
L′ − L	24.27.12,35

log sin(L′ − L)	(1)…	9,616952
log R′		0,000652
log sin(L″ − L′)	(2)…	9,566605
log R″		9,997930
log sin(L″ − L′)	(3)…	9,857558
log R	(4)…	0,003580
log(1)		9,617604
log(3)		9,855488
log(2)		9,567257
log(4)		9,861138
log N″ = (1)-(3)		9,762116
log N = (2)-(4)		9,706119

N″		0,578250
N		0,508299
β″		− 5.15.55,38
β′		− 5.25. 8,51
β		− 5.10.21,65
α″		330.41.56,10
α′		331.29.51,52
α		335.38.29,73
α″ − α′		0.47.55,42
α″ − α		4.56.33,63
α′ − α		− 4. 8.38,21
log cos β″	(1)…	9,998164
log sin(α″ − α)		8,935301
log cos β	(2)…	9,998228
log sin(α″ − α′)	(3)…	8,144262$_n$
log cos β′		9,998054
log sin(α′ − α)	(4)…	8,858913$_n$

$\log \sin \beta''$	(5)	8,962696
$\log \cos \beta$	(6)	9,998228
$\log \sin \beta'$	(7)	8,975151
$\log \cos \beta''$	(8)	9,998164
$\log \sin \beta$	(9)	8,955003
$\log \cos \beta'$	(10)	9,998054
$\log \sin \beta''$		8,962696
$\log (5)$	(11)	8,960924
$\log \cos(\alpha'' - \alpha)$	(12)	9,998382
$\log (8)$		8,953167
$\log (10)$	(13)	8,960750
$\log \cos(\alpha'' - \alpha')$		8,999958
$\log (9)$	(14)	8,953057
$\log \cos(\alpha' - \alpha)$		9,998863
$\log(8)$		8,953167
$\log(11)$		8,959306
$\log(7)$		8,973315
$\log(13)$		8,960708
$\log(5)$		8,960924
$\log(12)$		8,951549
$\log(6)$		8,973379
$\log(14)$		8,951920
(8)		0,089777
(11)		0,091055
(7)		0,094041
(13)		0,091350
(5)		0,091395
(12)		0,089444
(6)		0,094054
(14)		0,089520
(8)-(11)		$-$ 0,001278
(7)-(13)		0,002691
(5)-(12)		0,001951
(6)-(14)		0,004534
$\log \sin \Delta' \sin \omega = (2)$		$8,933529_n$
$\log \sin \Delta' \cos \omega = (8)$-$(11)$		$7,106531_n$
$\log \sin \Delta \sin \omega_0 = (3)$		$8,142316_n$
$\log \sin \Delta \cos \omega_0 = (7)$-$(13)$		7,429914
$\log \sin \Delta' \sin \omega'' = (1)$		$8,933465_n$
$\log \sin \Delta' \cos \omega'' = (5)$-$(12)$		7,290257

$\log \sin \Delta'' \sin \omega''_0 = (4)$	$8,856967_n$
$\log \sin \Delta'' \cos \omega''_0 = (6)$-$(14)$	7,656482
$\log \cot \omega$	8,173002
ω	269. 8.48,19
$\log \sin \omega$	$9,999952_n$
$\log \cos \omega$	$8,172954_n$
$\log \sin \Delta'$	8,933577
$\log \cot \omega_0$	$9,287598_n$
ω_0	$-$ 79. 1.33,67
$\log \cos \omega_0$	9,279583
$\log \sin \omega_0$	$9,991984_n$
$\log \sin \Delta$	8,150332
$\log \cot \omega''$	$8,356792_n$
ω''	$-$ 88.41.50,33
$\log \sin \omega''$	$9,999888_n$
$\log \cos \omega''$	8,356680
$\log \sin \Delta'$	8,933577
$\log \cot \omega''_0$	$8,799515_n$
ω''_0	$-$ 86.23.37,26
$\log \cos \omega''_0$	8,798654
$\log \sin \omega''_0$	$9,999139_n$
$\log \sin \Delta''$	8,857828
$\log \cos \omega$	$8,172954_n$
$\log \sin \beta''$	8,962696
$\log f_1 \sin F = \cos \omega \sin \beta''$	$7,135650_n$
$\log f_1 \cos F = - \sin \omega$	9,999952
$\log \tan F$	$7,135698_n$
F	$-$ 0. 4.41,92
$\log \sin F$	$7,135698_n$
$\log f_1$	9,999952
$\log \cos \omega''$	8,356680
$\log \sin \beta$	8,955003
$\log f''_1 \sin F'' = \cos \omega'' \sin \beta$	7,311683
$\log f''_1 \cos F'' = \sin \omega''$	$9,999888_n$
$\log \tan F''$	$7,311795_n$
F''	$-$0.7′2″,88+180°
$\log \sin F''$	7,311794
$\log f''_1$	9,999889
α''	330.41.56,10
L	160.35.32,29
$\alpha'' - L$	170. 6.23,81
F	$-$ 0. 4.41,92

$\alpha'' - L + F$	170. 1.41,89
$\log \sin(\alpha'' - L + F)$	9,238451
$\log \sin \Delta'$	8,933577
$\log \dfrac{\sin(\alpha'' - L + F)}{\sin \Delta'}$ } (I)	0,304874
$\log R'$	0,003580
$\log f_1$	9,999952
$\log a_0 = (I)$	0,308406
α''	330.41.56,10
L''	206.40.39,59
$\alpha'' - L''$	124. 1.16,51
F	− 0. 4.41,92
$\alpha'' - L'' + F$	123.56.34,59
$\log \sin(\alpha'' - L'' + F)$	9,918866
$\log \sin \Delta'$	8,933577
$\log \dfrac{\sin(\alpha'' - L'' + F)}{\sin \Delta'}$ } (I)	0,985289
$\log R''$	9,997930
$\log f'$	9,999952
$\log b_0 = (I)$	0,983171
w_0	− 79. 1,33,67
w	269. 8.48,19
$w_0 - w$	−348.10.21,86
$\log \cos(w_0 - w)$	9,990681
$\log \sin \Delta$	8,150332
$\log \sin \Delta'$	8,933577
$\log c_0 = \dfrac{\cos(w_0 - w) \sin \Delta}{\sin \Delta'}$	9,207436
α	335.38.29,73
L	160.35.32,29
$\alpha - L$	175. 2.57,44
F''	− 0. 7. 2,88 + 180°
$\alpha - L + F''$	354.55.54,56
$\alpha - L + F''$	5. 4. 5,44
$\log \sin(\alpha - L + F'')$	$8,946163_n$
$\log \sin \Delta'$	8,933577
$\log I = \dfrac{\sin(\alpha - L + F'')}{\sin \Delta'}$	$0,612586_n$
$\log f''_0$	9,999889
$\log R$	0,003580
$\log a''_0$	$0,016055_n$
α	335.38.29,73
L''	206.40.39,59

$\alpha - L''$	128.57.50,14
F''	− 0. 7. 2,88 + 180°
$\alpha - L'' + F''$	308.50.47,26
$\alpha - L'' + F''$	51. 9.12,74
$\log \sin(\alpha - L'' + F'')$	$9,891443_n$
$\log \sin \Delta'$	8,933577
$I = \dfrac{\sin(\alpha - L'' + F'')}{\sin \Delta'}$	$0,957866_n$
f''	9,999889
R''	9,997930
$\log b''_0$	$0,955685_n$
w''_0	− 86.23.37,26
w''	− 88.41.50,33
$w''_0 - w''$	+ 2.18.13,07
$\log \cos(w''_0 - w'')$	9,999649
$\log \sin \Delta''$	8,857828
$\log \sin \Delta'$	8,933577
$\log c''_0 = \dfrac{\cos(w''_0 - w'') \sin \Delta''}{\sin \Delta'}$	9,923900
$\alpha - L$	175. 2.57,44
$\log \sin(\alpha - L)$	8,936004
$\log R$	0,003580
$\log R_s$	8,939580
$\log \cos(\alpha - L)$	$9,998376_n$
$\log R$	0,003580
$\log R_c$	0,001956
$\alpha'' - L''$	124. 1.16,51
$\log \sin(\alpha'' - L'')$	9,918466
$\log R''$	9,997930
$\log R''_s$	9,916396
$\log \cos(\alpha'' - L'')$	$9,747800_n$
$\log R''_c$	9,745730
α''	330.41.56,10
L	160.35.32,29
$\alpha'' - L$	170. 6.23,81
L'	185. 2.44,64
$\alpha'' - L'$	145.39.11,46
α	335.38.29,73
L''	206.40.39,59
$\alpha - L''$	128.57.50,14
$\alpha - L'$	150.35.45,09
$\log \sin(\alpha - L)$	8,936004
$\log R$	0,003580
$\log \sin(\alpha'' - L)$	9,235062

$\log \sin(\alpha - L'')$	$9,890724$
$\log R''$	$9,997930$
$\log \sin(\alpha'' - L'')$	$9,890724$
$\log \sin(\alpha - L')$	$9,691052$
$\log R'$	$0,000652$
$\log \sin(\alpha'' - L')$	$9,751433$
$\log \cos(\alpha'' - L')$	$9,916789_n$
$\log R'$	$0,000652$
$\log \cos(\alpha - L')$	$9,940107_n$
$\log R \sin(\alpha - L)$	$8,939580$
$\log R \sin(\alpha'' - L)$	$9,238642$
$\log R'' \sin(\alpha - L'')$	$9,888654$
$\log R'' \sin(\alpha'' - L'')$	$9,916396$
$\log R' \sin(\alpha - L')$	$9,691704$
$\log R' \sin(\alpha'' - L')$	$9,752085$
$\log R' \cos(\alpha'' - L')$	$9,917441_n$
$\log R' \cos(\alpha - L')$	$9,940759_n$
$\log R \sin(\alpha - L) \operatorname{tang} \beta'' = (1)$	$7,904116$
$\log R \sin(\alpha'' - L) \operatorname{tang} \beta = (2)$	$8,195417$
$\log R'' \sin(\alpha - L'') \operatorname{tang} \beta'' = (3)$	$8,853186$
$\log R'' \sin(\alpha'' - L'') \operatorname{tang} \beta = (4)$	$8,873171$
$\log R' \sin(\alpha - L') \operatorname{tang} \beta'' = (5)$	$8,656236$
$\log R' \sin(\alpha'' - L') \operatorname{tang} \beta = (6)$	$8,708860$
$\log R' \cos(\alpha'' - L') \operatorname{tang} \beta = (7)$	$8,874216_n$
$\log R' \cos(\alpha - L') \operatorname{tang} \beta'' = (8)$	$8,905291_n$
(1)	$0,0080189$
(2)	$0,0156826$
$(1)-(2) = A$	$-0,0076637$
$\log A$	$7,884438_n$
(3)	$0,0713158$
(4)	$0,0746743$
$(3)-(4) = B$	$0,0033585$
$\log B$	$7,526145_n$
(5)	$0,0453144$
(6)	$0,0511517$
$(5)-(6) = C$	$-0,0058373$
$\log C$	$7,766212_n$
(7)	$-0,0748542$
(8)	$-0,0804065$
$(7)-(8) = D$	$0,0055523$
$\log D$	$7,744473$

$\log \sin(\alpha' - L')$	(1)	$9,742440$
$\log \cos \beta'$		$9,998054$
$\log \cos(\alpha' - L')$	(2)	$9,920865_n$
$\log \sin \beta'$		$8,975151$
(1)		$9,740494$
$\log \operatorname{tang} \psi = \sin \beta' - (1)$		$9,234657$
$\log \cos \delta = -(2)$		$9,918919$
ψ		$9.44.24,68$
δ		$33.55.37,14$
$\log R'$		$0,000652$
$\log \sin(\alpha'' - \alpha)$		$8,935301_n$
$\log T \sin \tau = D$		$7,744473$
$\log T \cos \tau = R' \sin(\alpha'' - \alpha)$		$8,935953_n$
$\log \operatorname{tang} \tau$		$8,808520_n$
τ		$-3.40.54,00 + 180°$
ψ		$9.44.24,68$
$\tau + \psi$		$6.3.30,68 + 180°$
$\log \sin \tau$		$8,807623$
$\log T = D - \log \sin \tau$		$8,936850$
$\log T$	(I)	$8,936850$
$\log \sin(\tau + \psi)$		$9,023435_n$
$\log \sin \delta$		$9,746803$
$\log C$		$7,766212_n$
$\log S \sin(\delta + \sigma) = C \sin \delta$		$7,513015_n$
$\log S \cos(\delta + \sigma) = (I)$		$7,707088_n$
$\log \operatorname{tang}(\delta + \sigma)$		$9,805927$
$\delta + \sigma$		$32.36.14,78$
δ		$33.55.37,14$
$\log \sin(\delta + \sigma)$		$9,731453$
$\log \cos(\delta + \sigma)$		$9,925525$
$\log S$		$7,781563_n$
$\log R'$		$0,000652$
$\log \sin \delta$		$9,746803$
$\log R' \sin \delta$		$9,747455$
$\log (R' \sin \delta)^3$		$9,242365$
$\log 2$		$0,301030$
$\log 2 (R' \sin \delta)^3$		$9,543395$
$\log \mathfrak{M}'$		$0,456605$
t_0		$2,378574$
t'_0		$27,439508$
t''_0		$49,319578$
$t''_0 - t'_0$		$21,880070$
$t''_0 - t_0$		$46,941004$
$t'_0 - t_0$		$25,060934$

$\log(t''_0 - t'_0)$	1,3400487
$\log(t''_0 - t_0)$	1,6715523
$\log(t'_0 - t_0)$	1,3989972
$\log k$	8,235581
$\log \theta_0 = k(t''_0 - t'_0)$	9,575630
$\log \theta'_0 = k(t''_0 - t_0)$	9,907134
$\log \theta''_0 = k(t'_0 - t_0)$	9,634578
$\log P_0 = \frac{\theta''_0}{\theta_0}$	0,058948
P_0	1,145789
$P_0 + 1$	2,145789
$\log(P_0 + 1)$	0,331504
$\log S$	$7,781563_n$
$\log B$	$7,526145_n$
$\log P_0$	0,058949
$\log BP_0$	$7,585094_n$
BP_0	−0,0038468
A	−0,0076637
$A + BP_0$	−0,0115105
$\log(A + BP_0)$	$8,061094_n$
$\log(P_0 + 1)S$	$8,113067_n$
σ	−1,19.42,36
$\log \cos\sigma$	9,999883
$\log d_0 = \frac{(P_0+1)S}{A + BP_0}$	0,051973
$\log d_0 \cos\sigma$	0,051856
$d_0 \cos\sigma - 1$	0,1268237
$\log \sin\sigma$	$8,365295_n$
$\log d_0 \sin\sigma = (I)$	$8,417268_n$
$\log(d_0 \cos\sigma - 1) = (II)$	9,103201
$\log \text{tang}\,\omega_1^0 = (I) - (II)$	$9,314067_n$
ω_1^0	−11.38.43,11
$\log \sin\omega_1^0$	$9,305034_n$
$\log \cos\omega_1^0$	9,999967
$\log \Omega_0 = (I) - \log \sin\omega_1^0$	9,112234
$\log \mathfrak{M}'$	0,456605
$\log \frac{\mathfrak{M}'}{\Omega_0} = \mathfrak{M}''_0$	1,344371
$\log \theta_0^2$	9,151260
$\log \theta_0'^2$	9,814267
$\log \theta_0''^2$	9,269157

θ_0^2	0,1416642
$\theta_0'^2$	0,6520286
$\theta_0''^2$	0,1858475
$\theta_0'^2 - \theta_0^2$	0,5103644
$\theta_0'^2 - \theta_0''^2$	0,4661811
$\log(\theta_0'^2 - \theta_0^2)$ (1)	9,707881
$\log 3$	0,477121
$\log(\theta_0'^2 - \theta_0''^2)$ (2)	9,668555
$\log\left[Y''_0 - \frac{\theta_0'^2 - \theta_0^2}{3}\right]$	9,230760
$\log\left[Y_0 - \frac{\theta_0'^2 - \theta_0''^2}{3}\right]$	0,191434
$\log A$	$7,884438_n$
$\log BP_0$	$7,585094_n$
$\log AY''_0$	$7,115198_n$
$\log BP_0 Y_0$	$6,676528_n$
AY''_0	−0,00130377
BPY_0	−0,00059761
$AY''_0 + BPY_0$	0,00190138
$\log(AY''_0 + BPY_0)$	$7,279069_n$
$\log A + BP$	$8,061092_n$
$\log Q_0$	9,217977
$\log \mathfrak{M}''_0$	1,344371
$\log \mathfrak{M}_0$	0,562348
$\mathfrak{M}_0$	3,650467
ω_1^0	−11°38′43″,11

Résolution de l'équation $M_0 \sin^4 z = \sin(z - \omega_1^0)$.

z_0	12°1′
$z_0 - \omega_1^0$	22.16,89
$\log \sin z_0$	9,318473
$\log \sin^4 z_0$	7,273892
$\log \mathfrak{M}_0$	0,562348
$\log \mathfrak{M}_0 \sin^4 z = I$	7,836240
$\log \sin(z_0 + \omega_1^0) = II$	7,811667
$h = I - II$	0,024573
$\log \sin(z_0 + 1'') - \log \sin z_0 = a$	0,0000099
$\left\{\begin{array}{l}\log \sin(z_0 + \omega_1^0 + 1'') \\ \quad - \log \sin(z_0 + \omega_1^0)\end{array}\right\} = b$	0,000325
$4a$	0,0000396
$b - 4a$	0,0002857
$\log(h \times 10^7)$	5,390458

$\log(b-4a)10^7$ 3,455454
$\log\dfrac{h}{b-4a}=\varepsilon$ 1,935004

ε .... $-86''$,10

$z_0-\varepsilon=z_1$ 12. 2.26,10
$z_1+\omega_1^0$ 23.42.99

$\log\sin z_1$ 9,319323
$\log\sin^4 z_1$ 7,277292
$\log\mathfrak{M}_0$ 0,562348
$\log\mathfrak{M}_0\sin^4 z_1$ 7,839640
$\log\sin(z_1+\omega_1^0)$ 7,838773
h' 0,000867

$a'\times10^7$ 99
$b'\times10^7$ 3050
$(b'-4a')10^7$ 2654

$\log h'\times10^7$ 3,938819
$\log(b'-4a')10^7$ 3,423901
$\log\varepsilon'$ 0,514118

ε' .... $3''$,27

$z_2=z_1+\varepsilon'$ 12. 2.29,37
$z_2+\omega_1^0$ 23.46,26

$\log\sin z_2$ 9,319356
$\log\sin^4 z_2$ 7,277424
$\log\mathfrak{M}_0$ 0,562348
$\log\mathfrak{M}_0\sin^4 z_2$ 7,839772
$\log\sin(z_2+\omega_1^0)$ 7,839770
h'' 0,000002

$(b''-4a'')10^7$ 2644
$\log h''.10^7$ 1,301030
$\log(b''-4a'')10^7$ 3,422261
$\log\varepsilon''$ 7,878771

ε'' .... $0''$,0076

$z=z_2+\varepsilon''$ 12. 2.29,38
$z+\omega_1^0$ 23.46,27

$\log\sin z$ 9,319356
$\log\sin^4 z$ 7,277424
$\mathfrak{M}_0$ 0,562348
$\log\mathfrak{M}_0\sin^4 z$ 7,839772
$\log\sin(z-\omega_1^0)$ 7,839773

z .... $12°2'29''$.38

δ 33.55.57,14
$\delta-z$ 21.53.27,76

$\log\sin(\delta-z)$ 9,571525
$\log R'$ 0,000652
$\log R'\sin(\delta-z)$ 9,572177
$\log\sin z$ 9,319356
$\log\left[\rho'=\dfrac{R'\sin(\delta-z)}{\sin z}\right]$ 0,252821

$\log\sin\delta$ 9,746803
$\log R'\sin\delta$ 9,747455
$\log\left[r'=\dfrac{R'\sin\delta}{\sin z}\right]$ 0,428099

$\log r'^3$ 1,284297
$\log 2$ 0,301030
$\log Y_0''$ 9,230760
$\log 2r'^3$ 1,585327
$\log\dfrac{Y_0''}{2r'^3}$ 7,645433
$1+\dfrac{Y_0''}{2r'^3}$ 1,004420

$\log\left(1+\dfrac{Y_0''}{2r'^3}\right)$ 0,001916
$\log\theta_0$ 9,575630
$\log\theta_0\left(1+\dfrac{Y_0}{2r'^3}\right)$ 9,577546
$\log\theta_0'$ 9,907134
$\log n$ 9,670412

$\log Y_0$ 9,191434
$\log 2r'^3$ 1,585327
$\log\dfrac{Y_0}{2r'^3}$ 7,606107
$1+\dfrac{Y_0}{2r'^3}$ 1,004037

$\log\left(1+\dfrac{Y_0}{2r'^3}\right)$ 0,001750
$\log\theta_0''$ 9,634579
$\log\theta_0''\left(1+\dfrac{Y_0}{2r'^3}\right)$ 9,636329
$\log\theta_0'$ 9,907134
$\log n''$ 9,729195

N 0,508299
n 0,468179
$N-n$ 0,040120
$\log(N-n)$ 8,603361
$\log a_0$ 0,308406
$\log(N-n)a_0$ 8,911767

N'' 0,578250
n'' 0,536038
$N-n''$ 0,042212

$\log(N''-n'')$	8,625436
$\log b_0$	0,983171
$\log b_0(N''-n'')$	9,608607
$\log c_0$	9,207436
$\log \rho'$	0,252821
$\log c_0\rho'$	9,460257
$(N-n)a_0$ } I	0,081614
$(N''-n'')b_0$ } I	0,406075
$c_0\rho'$ } I	0,288574
I	0,776263
$\log I$	9,890009
$\log n$	9,670412
$\log \rho$	0,219597
$\log(N-n)$	8,603361
$\log a''_0$	$0,016055_n$

$\log(N-n)a''_0$	$8,619416_n$
$\log(N''-n)$	8,625436
$\log b''_0$	0,955685
$\log(N''-n'')b''_0$	9,581121
$\log c''_0$	9,923900
$\log \rho'$	0,252821
$\log c''_0\rho'$	0,176721
$(N-n)a''_0$ } II	−0,041631
$(N''-n'')b''_0$ } II	−0,381172
$c''_0\rho'$ } II	1,502176
II	1,079373
$\log II$	0,033171
$\log n''$	9,729195
$\log \rho''$	0,303976

TROISIÈME PARTIE.

Calcul des lieux extrêmes.

Correction de l'aberration pour les coordonnées du ☉.

$\log \rho s$	7,98010
$\log \rho' s$	8,07339
$\log \rho'' s$	8,06454
ρs	0,009553
$\rho' s$	0,010313
$\rho'' s$	0,011602
$\rho s - 10^m$	0,002613
$\rho' s - 10^m$	0,003373
$\rho'' s - 10^m$	0,004662
$\log(\rho s - 10^m)$	7,4166
$\log \Delta L$	3,5429
$\log(\rho' s - 10^m)$	7,5276
$\log \Delta L'$	3,5489
$\log(\rho'' s - 10^m)$	7,6684
$\log \Delta L''$	3,5542
$\log[(\rho s - 10^m)\Delta L = (1)]$	0,9595
$\log[(\rho' s - 10^m)\Delta L' = (2)]$	1,0765
$\log[(\rho'' s - 10^m)\Delta L'' = (3)]$	1,2226
L_0	160.35.32,29
(1)	− 9,11
L'_0	185. 2.44,64
(2)	−11,93
L''_0	206.40.39,59
(3)	−16,70

	Première observation.	Troisième observation.
L	160.35.23,18	206.40.22,89
α	335.38.29,73	330.41.56,10
$\alpha - L$	175. 3. 6,55	124. 1.33,21
$\log \sin(\alpha - L)$	8,935783	9,918442
$\log R$	0,003580	9,997930
$\log \cos(\alpha - L)$	$9,998378_n$	$9,747852_n$
$\log[R \sin(\alpha - L) = R_s]$	8,939363	9,916372
$\log[R \cos(\alpha - L) = R_c]$	$0,001958_n$	$9,745782_n$
$\log \sin \beta$	8,955003	8,960696
$\log \rho$	0,219597	0,303976
$\log \cos \beta$	9,998228	9,998164
$\log \rho \cos \beta$	0,217825	0,302140
$\log \rho \sin \beta$	9,174600	9,264672
$= R_c$	−1,004519	−0,556906
$\rho \cos \beta$	−1,651296	−2,005118
$\rho \cos \beta - R_c$	2,655815	2,562024
$\log(\rho \cos \beta - R_c = (l))$	0,424198	0,408583
$\log[r \cos b \sin(l - \alpha) = R_s]$	8,939363	9,916372

	Première observation.	Troisième observation.
$\log r \cos b \cos(l-\alpha) = (\mathrm{I})$	0,424198	0,408583
$\log \operatorname{tang}(l-\alpha)$	8,515165	9,507789
$l-\alpha$	1.52.32,05	17.50.45,56
α	335.38.29,73	330.41.56,10
l	337.31. 1,78	348.32.41,66
$\log \sin(l-\alpha)$	8,514933	9,486373
$\log \cos(l-\alpha)$	9,999767	9,978584
$\log r \sin b = \rho \sin \beta$	9,174600	9,266672
$\log r \cos b = \rho \sin \beta$	0,424431	0,429999
$\log r \cos b = \rho \sin \beta$	0,424430	0,429999
$\log \operatorname{tang} b$	8,750169	8,836673
b	3.13.11,42	3.55.38,94
$\log \sin b$	8,749483	8,835651
$\log \cos b$	9,999314	9,998979
$\log r$	0,425117	0,431020
$\log r$	0,425117	0,431021
l''	348.32.41,66	
l	337.31. 1,78	
$l''-l$	11. 1.39,88	
$\frac{1}{2}(l''-l)$	5.30.49,94	
b''	3.55.38,94	
b	3.13.11,42	
$b''-b$	0.42.27,52	
$\frac{1}{2}(b''-b)$	0.21.13,76	
$\log \sin \frac{1}{2}(l''-l)$	8,982664	
$\log \sin^2 \frac{1}{2}(l''-l)$ } log(I)	7,965328	
$\log \cos b$ } log(I)	9,999314	
$\log \cos b''$ } log(I)	9,998979	
$\log \sin \frac{1}{2}(b''-b)$	7,790660	
$\log(\mathrm{I})$	7,963621	
$\log \sin^2 \frac{1}{2}(b''-b)$	5,581320	
(I) } II	0,00919646	
$\sin^2 \frac{1}{2}(b''-b)$ } II	0,00003813	
$\sin^2 f' = (\mathrm{II})$	0,00923459	
$\log \sin^2 f'$	7,965418	
$\log \sin f'$	8,982709	
f'	5.30.52,02	
$2f'$	11. 1.44,04	
$\log \sin 2f'$ } (1)	9,281725	
$\log n$ } (1)	9,670412	
$\log r$ } (1)	0,425117	
(1)	9,377254	
$\log r'$	0,428099	
$\log \sin 2f = \log(1) - \log r'$	8,949155	

$\log \sin 2f'$ } II	9,281725
$\log n''$ } II	9,729195
$\log r''$ } II	0,431020
II	9,441920
$\log r'$	0,428099
$\log \sin 2f'' = \mathrm{II} - \log r'$	9,013821
$2f$	5. 6.11,91
$2f''$	5.55.31,48
$2f + 2f''$	11. 1.43,39
$2f'$	11. 1.44,04
t''	19,314908
t	2,375964
$t''-t$	16,938944
$\log(t''-t)$	1,671533
$\log \mathrm{K}$	8,235581
$\log \theta$	9,907114
$\log r$	0,425117
$\log r''$	0,431020
$\log rr''$	0,856137
$\log \sqrt{rr''}$ } (1)	0,428069
$\log 2$ } (1)	0,301030
$\log \cos f'$ } (1)	9,997986
$\log(1)$	0,727085
$\log(1)^3$	2,181255
$\log \theta'^2$	9,814228
$\log \left[m = \frac{\theta'^2}{(1)^3} \right]$	7,632973
$\log r''$	0,431020
$\log r$	0,425117
$\log \frac{r''}{r}$	0,005903
$\log \operatorname{tang}(45 + \omega') = \sqrt[4]{\frac{r''}{r}}$	0,001476
$45 + \omega'$	45. 5.50,48
ω'	0. 5.50,48
$2\omega'$	0.11.40,96
$\log \operatorname{tang} 2\omega'$	7,531270
$\log \operatorname{tang}^2 2\omega'$	5,062540
$\frac{1}{2}f'$	2.45.26,01
$\log \sin \frac{1}{2}f'$	8,682182
$\log \sin^2 \frac{1}{2}f'$	7,364364
$\operatorname{tang}^2 2\omega'$ } (1)	0,000011549
$\sin^2 \frac{1}{2}f'$ } (1)	0,002314005
(1)	0,002325554
$\log(1)$	7,366526

$\log \cos f'$	9,997986
$\log \lambda'$	7,368540
λ'	0,0023636
$\frac{5}{6}$	0,8333333
$\frac{5}{6} + \lambda'$	0,8356969
$\log m'$	7,632973
$\log (\frac{5}{6} + \lambda')$	9,922035
$\log h'$	7,710938
h'	0,0051397
$\log \eta_1'^2$	0,004916
$\log m'$	7,632973
$\log \frac{m'}{\eta_1'^2}$	7,628057
$\frac{m'}{\eta_1'^2}$	0,00424675
λ'	0,0023636
$\frac{m'}{\eta_1'^2} - \lambda'$	0,00191039
$\log \left[\sin^2 \frac{1}{2} g' = \frac{m'}{\eta_1'^2} - \lambda'\right]$	7,281122
$\log \sin \frac{1}{2} g'$	8,640561
$\frac{1}{2} g'$	2.30.18,29
g'	5. 0.36,58
f'	5.30.52,02
$f' + g'$	10.31.28,60
$f' - g'$	0.30.15,44
$\frac{1}{2}(f' + g')$	5.15.44,30
$\frac{1}{2}(f' - g')$	0.15. 7,72
$\log \cos \frac{1}{2}(f' + g')$ } (1)..	9,998166
$\log \text{tang}\, 2\omega'$	7,531270
$\log \cos \frac{1}{2}(f' - g')$ } (2)..	9,999996
$\log \sin \frac{1}{2}(f' + g')$ } (3)..	8,962442
$\log \text{séc}\, 2\omega'$	0,000003
$\log \sin \frac{1}{2}(f' - g')$ } (4)..	7,643525
$\log \sigma \cos \frac{1}{2}\varphi \sin \frac{1}{2}(F' - G') = (1)$	7,529436
$\log \sigma \cos \frac{1}{2}\varphi \cos \frac{1}{2}(F' - G') = (3)$	8,962445
$\log \sigma \sin \frac{1}{2}\varphi \sin \frac{1}{2}(F' + G') = (2)$	7,531200
$\log \sigma \sin \frac{1}{2}\varphi \cos \frac{1}{2}(F' + G') = (4)$	7,643528
$\log \text{tang} \frac{1}{2}(F' - G')$	8,566991
$\frac{1}{2}(F' - G')$	2. 6.47,11
$\log \sin \frac{1}{2}(F' - G')$	8,566696
$\log \cos \frac{1}{2}(F' - G')$	9,999704

$\log \text{tang} \frac{1}{2}(F' + G')$	9,887738
$\frac{1}{2}(F' + G')$	37.40.33,01
$\log \sin \frac{1}{2}(F' + G')$	9,786178
$\log \cos \frac{1}{2}(F' + G')$	9,898441
$\log \sigma \cos \frac{1}{2}\varphi$	8,962741
$\log \sigma \sin \frac{1}{2}\varphi$	7,745087
$\log \text{tang} \frac{1}{2}\varphi$	8,782346
$\frac{1}{2}\varphi$	3.28. 0,74
φ	6.56. 1,48
$\log \sin \frac{1}{2}\varphi$	8,781550
$\log \cos \frac{1}{2}\varphi$	9,999205
$\log \sigma$	8,963537
$\log 2$ } (Σ)	0,301030
$\log \cos f'$	9,997986
$\log m'$	7,632973
$\log (\Sigma)$	7,931989
$\log \sqrt{\Sigma}$	8,965995
$\log \eta_1'$	0,002458
$\log \frac{\sqrt{\Sigma}}{\eta_1'}$	8,963537
$\frac{1}{2}(F' + G')$	37.40.33,01
$\frac{1}{2}(F' - G')$	2. 6.47,11
F'	39.47.20,12
f'	5.30.52,02
$\alpha'' = F' + f'$	45.18.12,14
$\alpha' = F' - f'$	34.16.28,10
G'	35.33.45,90
g'	5. 0.36,58
$E'' = G' + g'$	40.34.22,48
$E = G' - g'$	30.33. 9,32
$\frac{E}{2}$	15.16.34,66
$\frac{E''}{2}$	20.17.11,24
$\frac{\alpha''}{2}$	22.39. 6,07
$\frac{\alpha'}{2}$	17. 8.14,05
$45 + \frac{1}{2}\varphi$	48.28. 0,74
$\log \text{tang} \frac{E}{2}$ } Σ...	9,436361
$\log \text{tang} \left(45 + \frac{\varphi}{2}\right)$	0,052685

$\log \Sigma$	9,489046
$\log \tan \frac{1}{2} u'$	9,489046
$\log \tan \frac{E''}{2}$ } Σ_1	9,567782
$\log \tan \left(45 - \frac{\varphi}{2}\right)$ } Σ_1	0,052685
$\log \Sigma_1$	9,620467
$\log \tan \frac{1}{2} u''$	9,620467
$\log \eta'$ } Σ	0,002458
$\log r r''$ } Σ	0,856137
$\log \sin 2f'$ } Σ	9,281725
$\log \Sigma$	0,140320
$\log \Sigma^2$	0,280640
$\log \theta'^2$	9,814228
$\log p$	0,466412
$\log \sec^2 \varphi$	0,006376
$\log \sec \varphi$	0,003188
$\log (a = p \sec^2 \varphi)$	0,472788
$\log a^3$	1,418364
$\log a^{\frac{3}{2}}$	0,709182
$\log K_1$	3,550007
$\log K_1$	3,550007
$\log \left(\mu = \frac{K_1}{a^{\frac{3}{2}}}\right)$	2,840825
$\log \sin \varphi$	9,081785
$\log \frac{1}{\sin 1''}$	5,314425
$\log E''$	9,813191
$\log \left[e'' = \frac{\sin \varphi}{\sin 1''}\right]$	4,396210
$\log \sin E$	9,706145
$\log e'' \sin E$	4,102355
$\log e'' \sin E''$	4,209401
E	30.33. 9,32
$e'' \sin E$	3.30.57,70
E''	40.34.22.48
$e'' \sin E''$	4.29.55,74
M''	36. 4.26,74
M	27. 2.11,62
$M'' - M$	9. 2.15,12
$\log (M'' - M)$	4,512353
$\log (t'' - t)$	1,671533
$\log \frac{M'' - M}{t'' - t}$	2,840820

μ	2,840825
u'	34.16.28,10
$2f''$	5.55.31,48
u''	45.18.12,14
$2f$	5. 6.11,91
$u' - 2f''$	40.11.59,58
$u'' - 2f$	40.12. 0,23
u'	40.11.59, 9
$\frac{1}{2} u'$	20. 6. 0, 0
$\log \tan \frac{1}{2} u'$	9,563419
$\log \tan (45 + \frac{1}{2} \varphi)$	0,052685
$\log \tan \frac{E'}{2}$	9,510734
$\frac{E'}{2}$	17.57.34, 7
E'	35.55. 9, 4
$\log \sin E'$	9,768375
$\log e''$	4,396210
$\log e'' \sin E'$	4,164585
$\log e'' \sin E'$	4. 3.27, 8
$M' = E' - e'' \sin E'$	31.51.41, 6
t	2,375964
t'	27,436128
t''	49,314908
$t' - t$	25,060164
$t'' - t'$	21,878780
$\log (t' - t)$	1,398984
$\log \mu$	2,840825
$\log (t'' - t')$	1,340023
$\log (t' - t) \mu$	4,239809
$\log (t'' - t) \mu$	4,180848
M } Σ	27. 2.11,62
$(t' - t) \mu$ } Σ	4.49.30,36
M''	36. 4.26,74
$(t'' - t') \mu$	4.12.45,21
$M + (t' - t) \mu$	31.51.41,98
$M'' - (t'' - t') \mu$	31.51.41,53
φ	6.56. 1,48
$\log \sin \varphi$	9,081785
$\log \cos E$	9,935085
$\log \cos E'$	9,908402
$\log \cos E''$	9,880573

$\log \sin\varphi \cos E$ 9,016870
$\log \sin\varphi \cos E'$ 8,990187
$\log \sin\varphi \cos E''$ 8,962358

$\sin\varphi \cos E$ 0,103961
$\sin\varphi \cos E'$ 0,097766
$\sin\varphi \cos E''$ 0,091698

$1 - \sin\varphi \cos E$ 0,896039
$1 - \sin\varphi \cos E'$ 0,902234
$1 - \sin\varphi \cos E''$ 0,908302

$\log(1 - \sin\varphi \cos E)$ 9,952327
$\log(1 - \sin\varphi \cos E')$ 9,955319
$\log(1 - \sin\varphi \cos E'')$ 9,958230
$\log a$ 0,472788

$\log a + \log(1 - \sin\varphi \cos E)$. 0,425115
$\log a + \log(1 - \sin\varphi \cos E')$. 0,428107
$\log a + \log(1 - \sin\varphi \cos E'')$. 0,431018

$\log r$ 0,425117
$\log r'$ 0,428099
$\log r''$ 0,431020

Calcul de i, ☊, ϖ.

$\log \tan b$ 8,750169
$\log \cos(l'' - l)$ 9,991906
$\log \tan b \cos(l'' - l)$ 8,742075
$\log \tan b''$ 8,836673

$-\tan b \cos(l'' - l)$ } (Σ) .... −0,0552173
$\tan b''$ 0,0686551
Σ 0,0134378
$\log \Sigma$ 8,128329
$\log \sin(l'' - l)$ 9,281680

$\log\left[\tan i \cos(l - ☊) = \dfrac{\Sigma}{\sin(l'' - l)}\right]$ 8,846649

$\log[\tan i \sin(l - ☊) = \tan b]$. 8,750169
$\log \tan(l - ☊)$ 9,903520

$l - ☊$ 38.41.14,88

$\log \sin(l - ☊)$ 9,795930
$\log \cos(l - ☊)$ 9,892411

$\log \tan i$ 8,954239
$\log \tan i$ 8,954238

i .... 5°8′33″,8

l 337.31. 1,78
$l - ☊$ 38.41.14,88
☊ 298.49.46,90

l'' 348.32.41,66
$l'' - ☊$ 49.42.54,76

$\log \tan(l - ☊)$ 9,903520
$\log \cos i$ 9,998248
$\log \tan(l'' - ☊)$ 0,071807

$\log \tan u$ 9,905272
$\log \tan u''$ 0,073559

u 38.48. 1,16
u'' 49.49.45,24

☊ 298.49.46,90

$2f'$ 11. 1.44,04
$u'' - u$ 11. 1.44,08

$u + ☊$ 337.37.48,06
ω 34.16.28,10
$u'' + ☊$ 348.39.32,14
ω'' 45.18.12,14
ϖ 303.21.19,96
ϖ 303.21.20,00

VÉRIFICATION FINALE.

Détermination des constantes de Gauss.

log tang i		8,954238
log cos ☊		9,683234
$\log\left[\tang N = \frac{\tang i}{\cos ☊}\right]$		9,271004
N		10.34.19, 3
ε		23.27. 9, 5
N + ε		34. 1.28, 8
log cos N	(1)	9,952564
log tang ☊	(2)	$0,259298_n$
log cos i		9,998248
log cos (N + ε)	(3)	9,918448
log cos i	(4)	9,998248
log sin (N + ε)		9,747838
log cos ε	(5)	9,962553
log (1)		$0,251862_n$
log sin ε	(6)	9,599874
log (3)		9,916696
log (5)		$0,214415_n$
log (4)		9,746086
log (6)		$9,851736_n$
log [− cot A] = (2)		0,257546
log cot B = (3)-(5)		−9,702281
log cot C = (4)-(6)		−9,894350
A		28.55.38,80
B		296.44.24,62
C		308. 5.55,00
log cos ε	(7)	9,962553
log sin ☊		$9,942532_n$
log sin ε	(8)	9,511874
log cos ☊		9,683234
log sin A		9,684577
log (7)		$9,905085_n$
log sin B		$9,950879_n$
log (8)		$9,542406_n$
log sin C		$9,895947_n$
$\log\left[\sin a = \frac{\cos ☊}{\sin A}\right]$		9,998657
log sin b = (7) − log sin B		9,954206
log sin c = (8) − log sin C		9,646459
C		308. 5.55, 0
B		296.44.24,62
C − B		11.21.30, 4
log sin (C − B)	(9)	9,294348
log sin b		9,954206
log sin c		9,646459
log sin a	(10)	9,998657
log cos A		9,942123
(9)		8,895013
(10)		9,940780
(9)-(10)		8,954233
log tang i		8,954238
π		303.21.19,98
☊		298.49.46,90
π − ☊		4.31.33,08
ω'		40.11.59,91
u'		44.43.32,99

Longitude moyenne de la planète pour 1897 *octobre* 1.

t		2,375961
T_0		31,000000
t''		49,314916
$T_0 - t$		28,624039
$t'' - T_0$		18,314916
log ($T_0 - t$)		1,456731
log μ		2,840825
log ($t'' - T_0$)		1,262805
log μ ($T_0 - t$)		4,297556
log μ ($t'' - T_0$)		4,103630
M	(I)	27. 2.11,62
μ ($T_0 - t$)		5.30.40,64
M″	(II)	36. 4.26,74
− μ ($t'' - T_0$)		− 3.31.34,91
M_0 = (I)		32.32.52,26
M_0 = (II)		32.32.51,83
ϖ		303.21.19,98
$L_0 = M_0 + \varpi$		335.54.12,03

Coordonnées rectilignes de la planète.

	Première observation.	Deuxième observation.	Troisième observation.
u	38.48. 1,2	44.43.33,0	49.49.45,2
$u+A$	67.43.40,0	73.59.11,8	78.45.24,0
$u+B$	335.32.25,8	341.27.57,6	346.34. 9,8
$u+C$	346.53.56,2	352.49.28,0	357.55.40,2
$\log \sin(u+A)$ } (11)	9,966326	9,982079	9,991584
$\log r$	0,425117	0,428099	0,431020
$\log \sin a$	9,998657	9,998657	9,998657
$\log \sin(u+B)$ } (12)	$9,617053_n$	$9,502246_n$	$9,365989_n$
$\log r$	0,425117	0,428099	0,431020
$\log \sin b$	9,954206	9,954206	9,954206
$\log \sin(u+C)$ } (13)	$9,355593_n$	$9,096587_n$	$8,558207_n$
$\log r$	0,425117	0,428099	0,431020
$\log \sin c$	9,646459	9,646459	9,646459
$\log x$ (11)	0,390100	0,408835	0,421261
$\log y$ (12)	$9,996376_n$	$9,884551_n$	$9,751215_n$
$\log z$ (13)	$9,426969_n$	$9,171145_n$	$8,635686_n$
x	2,455272	2,563512	2,637918
y	− 0,991690	0,766568	− 0,563917
z	− 0,267282	− 0,148301	− 0,043220

Coordonnées rectilignes du ☉.

Temps corrigés	sept. 2,375961	sept. 27,436135	oct. 19,314916
2 × fract. de jour = δt	0,751922	0,872270	0,629832
$\Delta_1 X$	27319	− 8712	− 39917
$\Delta_2 X$	690	− 738	− 667
$\Delta_1 Y$	74142	78813	− 70324
$\Delta_2 Y$	− 215	− 66	− 310
$\Delta_1 Z$	− 32163	34018	30512
$\Delta_2 Z$	93	29	135
$\log \delta t$	9,876173	9,940651	9,799224
$\log \Delta_1 X$	4,436465	3,940118	4,601158
$\log \Delta_1 Y$	4,870064	4,894588	4,847104
$\log \Delta_1 Z$	4,507357	4,531709	4,484471
$\log \Delta_1 X \delta t$	4,312638	3,880769	4,400382
$\log \Delta_1 Y \delta t$	4,746237	4,835039	4,646328
$\log \Delta_1 Z \delta t$	4,383530	4,472360	4,283695
$\frac{\delta t(\delta t - 1)}{2}$	0,093	0,056	0,117
X	− 0,9489100	− 0,9983826	0,8918415
$\Delta_1 X \delta t$	20542	− 7600	− 25141
$\Delta_2 X \frac{\delta t(\delta t - 1)}{2}$	64	− 3	36
Y	− 0,3129740	0,0739117	− 0,4054235

	Première observation.	Deuxième observation.	Troisième observation.
$\Delta_1 Y \,\delta t$	— 55749	+ 68397	+ 44292
$\Delta_2 Y \frac{\delta t(\delta t-1)}{2}$	— 20	— 3	— 36
Z	+ 0,1357744	— 0,0320671	0,1758830
$\Delta_1 Z \,\delta t$	— 24184	+ 29673	— 19217
$\Delta_2 Z \frac{\delta t(\delta t-1)}{2}$	— 9	+ 2	+ 16
X	— 0,950971	— 0,997627	— 0,889335
x	+ 2,455272	— 2,563512	+ 2,637918
Y	+ 0,307401	+ 0,080752	— 0,409856
y	— 0,991690	— 0,766568	— 0,563917
Z	— 0,133357	— 0,035035	0,177806
z	— 0,267282	— 0,148301	+ 0,043220
$X + x$	+ 1,504301	+ 1,565885	+ 1,748583
$Y + y$	0,684289	+ 0,847320	0,973773
$Z + z$	— 0,133925	+ 0,183336	+ 0,221026
$\log \rho \cos \mathfrak{B}_2 \cos \mathcal{L}_2$	0,177334	0,194760	0,242686
$\log \rho \cos \mathfrak{B}_2 \sin \mathcal{L}_2$	$9,835239_n$	$9,928047_n$	9,988457
$\log \operatorname{tang} \mathcal{L}_2$	$9,657905_n$	$9,733287_n$	$9,745771_n$
$\mathcal{L}_2$	— 24.27.36,91	+ 28.25. 6,00	— 29. 6.47,14
$\mathcal{L}_2$	335.32.23,09	331.34.54,00	330.53.12,86
$\mathcal{L}_0$ (observée)	335.32.22,35	331.34.53,70	330.53.12,15
$\log \sin \mathcal{L}_2$	$9,617066_n$	$9,677521_n$	$9,687114_n$
$\log \cos \mathcal{L}_2$	9,959160	9,944234	9,941343
$\log \rho \cos \mathfrak{B}_2$	0,218174	0,250526	0,301343
$\log \rho \cos \mathfrak{B}_2$	0,218173	0,250526	0,301343
$\log \rho \sin \mathfrak{B}_2$	$9,126862_n$	$9,263248_n$	$9,344443_n$
$\log \operatorname{tang} \mathfrak{B}_2$	8,908689	$9,012722_n$	$9,043100_n$
$\mathfrak{B}_2$	+ 4.37.58,83	— 5.52.45,0	+ 6.18. 6,6
$\mathfrak{B}_0$ (observée)	— 4.37.58,3	5.52.45,5	— 6.18. 6,7

$\mathcal{L}_0 - \mathcal{L}_2$ ... — 0",7 — 0",3 — 0",7 $\mathfrak{B}_0 - \mathfrak{B}_2$ ... + 0",5 0",5 — 0",1

Éléments de la planète 1897 *D. J.*

Époque ...... 1897. Octobre .... 1,0. Temps civil de Paris.

L_0	335.54.12,03	φ	6°56′1″,48
ϖ	303.21.19,98		
☊	298.49.46,90	μ	693″,15
i	5°8′33″,8	$\log a$	0,472788

TABLE I (Table VIII d'Oppolzer).

h.	log $r_1 r_3$.	Diff.	h.	log $r_1 r_3$.	Diff.	h.	log $r_1 r_3$.	Diff.
0,0000	0,000 0000	965	0,0060	0,005 7298	945	0,0120	0,011 3417	926
0001	000 0965	965	0061	005 8243	944	0121	011 4343	925
0002	000 1930	964	0062	005 9187	944	0122	011 5268	925
0003	000 2894	964	0063	006 0131	944	0123	011 6193	925
0004	000 3858	963	0064	006 1075	944	0124	011 7118	925
0,0005	0,000 4821	963	0,0065	0,006 2019	943	0,0125	0,011 8043	924
0006	000 5784	963	0066	006 2962	943	0126	011 8967	923
0007	000 6747	963	0067	006 3905	942	0127	011 9890	924
0008	000 7710	962	0068	006 4847	943	0128	012 0814	923
0009	000 8672	962	0069	006 5790	942	0129	012 1737	923
0,0010	0,000 9634	961	0,0070	0,006 6732	941	0,0130	0,012 2660	922
0011	001 0595	961	0071	006 7673	941	0131	012 3582	923
0012	001 1556	961	0072	006 8614	941	0132	012 4505	922
0013	001 2517	961	0073	006 9555	941	0133	012 5427	921
0014	001 3478	960	0074	007 0496	940	0134	012 6348	921
0,0015	0,001 4438	960	0,0075	0,007 1436	940	0,0135	0,012 7269	921
0016	001 5398	959	0076	007 2376	940	0136	012 8190	921
0017	001 6357	959	0077	007 3316	939	0137	012 9111	921
0018	001 7316	959	0078	007 4255	939	0138	013 0032	920
0019	001 8275	959	0079	007 5194	939	0139	013 0952	919
0,0020	0,001 9234	958	0,0080	0,007 6133	938	0,0140	0,013 1871	920
0021	002 0192	958	0081	007 7071	938	0141	013 2791	919
0022	002 1150	957	0082	007 8009	938	0142	013 3710	919
0023	002 2107	957	0083	007 8947	937	0143	013 4629	918
0024	002 3064	957	0084	007 9884	937	0144	013 5547	918
0,0025	0,002 4021	956	0,0085	0,008 0821	937	0,0145	0,013 6465	918
0026	002 4977	956	0086	008 1758	936	0146	013 7383	918
0027	002 5933	956	0087	008 2694	936	0147	013 8301	917
0028	002 6889	956	0088	008 3630	936	0148	013 9218	917
0029	002 7845	955	0089	008 4566	936	0149	014 0135	917
0,0030	0,002 8800	955	0,0090	0,008 5502	935	0,0150	0,014 1052	916
0031	002 9755	954	0091	008 6437	935	0151	014 1968	916
0032	003 0709	954	0092	008 7372	934	0152	014 2884	916
0033	003 1663	954	0093	008 8306	934	0153	014 3800	916
0034	003 2617	953	0094	008 9240	934	0154	014 4716	915
0,0035	0,003 3570	953	0,0095	0,009 0174	934	0,0155	0,014 5631	915
0036	003 4523	953	0096	009 1108	933	0156	014 6546	914
0037	003 5476	952	0097	009 2041	933	0157	014 7460	914
0038	003 6428	952	0098	009 2974	932	0158	014 8374	914
0039	003 7380	952	0099	009 3906	932	0159	014 9288	914
0,0040	0,003 8332	952	0,0100	0,009 4838	932	0,0160	0,015 0202	913
0041	003 9284	951	0101	009 5770	932	0161	015 1115	913
0042	004 0235	951	0102	009 6702	931	0162	015 2028	913
0043	004 1186	950	0103	009 7633	931	0163	015 2941	913
0044	004 2136	950	0104	009 8564	931	0164	015 3854	912
0,0045	0,004 3086	950	0,0105	0,009 9495	930	0,0165	0,015 4766	912
0046	004 4036	949	0106	010 0425	931	0166	015 5678	911
0047	004 4985	949	0107	010 1356	929	0167	015 6589	911
0048	004 5934	949	0108	010 2285	930	0168	015 7500	911
0049	004 6883	949	0109	010 3215	929	0169	015 8411	911
0,0050	0,004 7832	948	0,0110	0,010 4144	929	0,0170	0,015 9322	910
0051	004 8780	948	0111	010 5073	928	0171	016 0232	910
0052	004 9728	947	0112	010 6001	928	0172	016 1142	910
0053	005 0675	947	0113	010 6929	928	0173	016 2052	909
0054	005 1622	947	0114	010 7857	928	0174	016 2961	909
0,0055	0,005 2569	946	0,0115	0,010 8785	927	0,0175	0,016 3870	909
0056	005 3515	947	0116	010 9712	927	0176	016 4779	909
0057	005 4462	945	0117	011 0639	926	0177	016 5688	908
0058	005 5407	946	0118	011 1565	926	0178	016 6596	908
0059	005 6353	945	0119	011 2491	926	0179	016 7504	908
0,0060	0,005 7298		0,0120	0,011 3417		0,0180	0,016 8412	

TABLE I (Table VIII d'Oppolzer, *suite*).

h.	$\log r_r r_t$.	Diff.	h.	$\log r_r r_t$.	Diff.	h.	$\log r_r r_t$.	Diff.
0,0180	0,016 8412	907	0,0240	0,022 2330	890	0,0300	0,027 5218	873
0181	016 9319	907	0241	022 3220	889	0301	027 6091	873
0182	017 0226	907	0242	022 4109	889	0302	027 6964	872
0183	017 1133	906	0243	022 4998	889	0303	027 7836	872
0184	017 2039	906	0244	022 5887	889	0304	027 8708	872
0,0185	0,017 2945	906	0,0245	0,022 6776	888	0,0305	0,027 9580	872
0186	017 3851	906	0246	022 7664	888	0306	028 0452	871
0187	017 4757	905	0247	022 8552	888	0307	028 1323	871
0188	017 5662	905	0248	022 9440	888	0308	028 2194	871
0189	017 6567	904	0249	023 0328	887	0309	028 3065	871
0,0190	0,017 7471	905	0,0250	0,023 1215	887	0,0310	0,028 3936	870
0191	017 8376	904	0251	023 2102	886	0311	028 4806	870
0192	017 9280	903	0252	023 2988	887	0312	028 5676	870
0193	018 0183	904	0253	023 3875	886	0313	028 6546	869
0194	018 1087	903	0254	023 4761	886	0314	028 7415	869
0,0195	0,018 1990	903	0,0255	0,023 5647	885	0,0315	0,028 8284	869
0196	018 2893	903	0256	023 6532	885	0316	028 9153	869
0197	018 3796	902	0257	023 7417	885	0317	029 0022	868
0198	018 4698	902	0258	023 8302	885	0318	029 0890	868
0199	018 5600	901	0259	023 9187	884	0319	029 1758	868
0,0200	0,018 6501	902	0,0260	0,024 0071	885	0,0320	0,029 2626	868
0201	018 7403	901	0261	024 0956	883	0321	029 3494	867
0202	018 8304	901	0262	024 1839	884	0322	029 4361	867
0203	018 9205	900	0263	024 2723	883	0323	029 5228	867
0204	019 0105	900	0264	024 3606	883	0324	029 6095	866
0,0205	0,019 1005	900	0,0265	0,024 4489	883	0,0325	0,029 6961	866
0206	019 1905	900	0266	024 5372	882	0326	029 7827	866
0207	019 2805	899	0267	024 6254	882	0327	029 8693	866
0208	019 3704	899	0268	024 7136	882	0328	029 9559	865
0209	019 4603	899	0269	024 8018	882	0329	030 0424	866
0,0210	0,019 5502	899	0,0270	0,024 8900	881	0,0330	0,030 1290	864
0211	019 6401	898	0271	024 9781	881	0331	030 2154	865
0212	019 7299	898	0272	025 0662	881	0332	030 3019	864
0213	019 8197	897	0273	025 1543	880	0333	030 3883	864
0214	019 9094	898	0274	025 2423	880	0334	030 4747	864
0,0215	0,019 9992	897	0,0275	0,025 3303	880	0,0335	0,030 5611	864
0216	020 0889	896	0276	025 4183	880	0336	030 6475	863
0217	020 1785	897	0277	025 5063	879	0337	030 7338	863
0218	020 2682	896	0278	025 5942	879	0338	030 8201	863
0219	020 3578	896	0279	025 6821	879	0339	030 9064	862
0,0220	0,020 4474	895	0,0280	0,025 7700	879	0,0340	0,030 9926	862
0221	020 5369	895	0281	025 8579	878	0341	031 0788	862
0222	020 6264	895	0282	025 9457	878	0342	031 1650	862
0223	020 7159	895	0283	026 0335	878	0343	031 2512	861
0224	020 8054	894	0284	026 1213	877	0344	031 3373	861
0,0225	0,020 8948	894	0,0285	0,026 2090	877	0,0345	0,031 4234	861
0226	020 9842	894	0286	026 2967	877	0346	031 5095	861
0227	021 0736	894	0287	026 3844	877	0347	031 5956	860
0228	021 1630	893	0288	026 4721	876	0348	031 6816	860
0229	021 2523	893	0289	026 5597	876	0349	031 7676	860
0,0230	0,021 3416	893	0,0290	0,026 6473	876	0,0350	0,031 8536	860
0231	021 4309	892	0291	026 7349	875	0351	031 9396	859
0232	021 5201	892	0292	026 8224	875	0352	032 0255	859
0233	021 6093	892	0293	026 9099	875	0353	032 1114	859
0234	021 6985	891	0294	026 9974	875	0354	032 1973	858
0,0235	0,021 7876	892	0,0295	0,027 0849	874	0,0355	0,032 2831	858
0236	021 8768	891	0296	027 1723	874	0356	032 3689	858
0237	021 9659	890	0297	027 2597	874	0357	032 4547	858
0238	022 0549	891	0298	027 3471	874	0358	032 5405	857
0239	022 1440	890	0299	027 4345	873	0359	032 6262	858
0,0240	0,022 2330		0,0300	0,027 5218		0,0360	0,032 7120	

TABLE I (Table VIII d'Oppolzer, *suite*).

h.	$\log \eta\eta_0$.	Diff.	h.	$\log \eta\eta_0$.	Diff.	h.	$\log \eta\eta_0$.	Diff.
0,036	0,032 7120	+8557	0,096	0,079 9617	+7251	0,156	0,120 5735	6318
037	033 5677	8531	097	080 6868	7233	157	121 2053	6304
038	034 4208	+8505	098	081 4101	7215	158	121 8357	6292
039	035 2713	8479	099	082 1316	7197	159	122 4649	6278
040	036 1192	8454	100	082 8513	7180	160	123 0927	+6265
0,041	0,036 9646	8429	0,101	0,083 5693	7161	0,161	0,123 7192	6252
042	037 8075	8403	102	084 2854	7145	162	124 3444	6238
043	038 6478	8378	103	084 9999	7126	163	124 9682	6226
044	039 4856	8353	104	085 7125	7110	164	125 5908	6213
045	040 3209	8328	105	086 4235	7092	165	126 2121	6200
0,046	0,041 1537	8304	0,106	0,087 1327	7074	0,166	0,126 8321	6187
047	041 9841	8280	107	087 8401	7058	167	127 4508	+6175
048	042 8121	8255	108	088 5459	7041	168	128 0683	6162
049	043 6376	8231	109	089 2500	7023	169	128 6845	6149
050	044 4607	8207	110	089 9523	7007	170	129 2994	+6137
0,051	0,045 2814	8184	0,111	0,090 6530	6990	0,171	0,129 9131	6124
052	046 0998	8159	112	091 3520	6974	172	130 5255	+6112
053	046 9157	8137	113	092 0494	6957	173	131 1367	6099
054	047 7294	8113	114	092 7451	6940	174	131 7466	6087
055	048 5407	8089	115	093 4391	6924	175	132 3553	6075
0,056	0,049 3496	8067	0,116	0,094 1315	6908	0,176	0,132 9628	6062
057	050 1563	8044	117	094 8223	6891	177	133 5690	6050
058	050 9607	8021	118	095 5114	6876	178	134 1740	6038
059	051 7628	7998	119	096 1990	+6859	179	134 7778	6026
060	052 5626	+7976	120	096 8849	6843	180	135 3804	6014
0,061	0,053 3602	7954	0,121	0,097 5692	6828	0,181	0,135 9818	6003
062	054 1556	7932	122	098 2520	+6811	182	136 5821	+5990
063	054 9488	7909	123	098 9331	6796	183	137 1811	5978
064	055 7397	7888	124	099 6127	6780	184	137 7789	5966
065	056 5285	7865	125	100 2907	6765	185	138 3755	5955
0,066	0,057 3150	7844	0,126	0,100 9672	6749	0,186	0,138 9710	5943
067	058 0994	7823	127	101 6421	6733	187	139 5653	5932
068	058 8817	7801	128	102 3154	6719	188	140 1585	5919
069	059 6618	+7780	129	102 9873	6703	189	140 7504	5908
070	060 4398	7759	130	103 6576	6688	190	141 3412	5897
0,071	0,061 2157	7738	0,131	0,104 3264	6672	0,191	0,141 9309	5885
072	061 9895	7717	132	104 9936	6658	192	142 5194	5874
073	062 7612	+7696	133	105 6594	6643	193	143 1068	5863
074	063 5308	7676	134	106 3237	6628	194	143 6931	5851
075	064 2984	7655	135	106 9865	6613	195	144 2782	5840
0,076	0,065 0639	7635	0,136	0,107 6478	6598	0,196	0,144 8622	5828
077	065 8274	7614	137	108 3076	+6584	197	145 4450	5818
078	066 5888	7595	138	108 9660	6569	198	146 0268	5806
079	067 3483	7574	139	109 6229	6554	199	146 6074	5795
080	068 1057	7555	140	110 2783	6540	200	147 1869	5784
0,081	0,068 8612	7534	0,141	0,110 9323	6526	0,201	0,147 7653	+5774
082	069 6146	7515	142	111 5849	+6511	202	148 3427	5762
083	070 3661	7496	143	112 2360	6497	203	148 9189	5751
084	071 1157	7476	144	112 8857	6483	204	149 4940	5741
085	071 8633	7457	145	113 5340	6469	205	150 0681	5730
0,086	0,072 6090	7437	0,146	0,114 1809	6455	0,206	0,150 6411	5719
087	073 3527	7418	147	114 8264	6440	207	151 2130	5708
088	074 0945	7400	148	115 4704	+6427	208	151 7838	5697
089	074 8345	7380	149	116 1131	6413	209	152 3535	5687
090	075 5725	7362	150	116 7544	6399	210	152 9222	5677
0,091	0,076 3087	7343	0,151	0,117 3943	6386	0,211	0,153 4899	5666
092	077 0430	7324	152	118 0329	6372	212	154 0565	5655
093	077 7754	7306	153	118 6701	6358	213	154 6220	+5645
094	078 5060	7288	154	119 3059	6345	214	155 1865	5634
095	079 2348	7269	155	119 9404	6331	215	155 7499	5624
0,096	0,079 9617		0,156	0,120 5735		0,216	0,156 3123	

TABLE I (Table VIII d'Oppolzer, *suite*).

h.	$\log r_1 r_1$.	Diff.	h.	$\log r_1 r_1$.	Diff.	h.	$\log r_1 r_1$.	Diff.
0,216	0,156 3123	5614	0,276	0,188 3024	5061	0,336	0,217 3085	4615
217	156 8737	5603	277	188 8085	5053	337	217 7700	4608
218	157 4340	5593	278	189 3138	5045	338	218 2308	4602
219	157 9933	5583	279	189 8183	5037	339	218 6910	4595
220	158 5516	5573	280	190 3220	5029	340	219 1505	4588
0,221	0,159 1089	5563	0,281	0,190 8249	5020	0,341	0,219 6093	4582
222	159 6652	5552	282	191 3269	5012	342	220 0675	4575
223	160 2204	5543	283	191 8281	5005	343	220 5250	4568
224	160 7747	5532	284	192 3286	4996	344	220 9818	4562
225	161 3279	5523	285	192 8282	4989	345	221 4380	4555
0,226	0,161 8802	5513	0,286	0,193 3271	4980	0,346	0,221 8935	4548
227	162 4315	5502	287	193 8251	4973	347	222 3483	4542
228	162 9817	5493	288	194 3224	4964	348	222 8025	4536
229	163 5310	5483	289	194 8188	4957	349	223 2561	4529
230	164 0793	5474	290	195 3145	4949	350	223 7090	4523
0,231	0,164 6267	5463	0,291	0,195 8094	4941	0,351	0,224 1613	4517
232	165 1730	5454	292	196 3035	4933	352	224 6130	4510
233	165 7184	5444	293	196 7968	4926	353	225 0640	4503
234	166 2628	5435	294	197 2894	4917	354	225 5143	4497
235	166 8063	5425	295	197 7811	4910	355	225 9640	4491
0,236	0,167 3488	5415	0,296	0,198 2721	4903	0,356	0,226 4131	4484
237	167 8903	5406	297	198 7624	4894	357	226 8615	4478
238	168 4309	5396	298	199 2518	4888	358	227 3093	4472
239	168 9705	5387	299	199 7406	4879	359	227 7565	4466
240	169 5092	5378	300	200 2285	4872	360	228 2031	4459
0,241	0,170 0470	5368	0,301	0,200 7157	4864	0,361	0,228 6490	4453
242	170 5838	5359	302	201 2021	4857	362	229 0943	4447
243	171 1197	5350	303	201 6878	4849	363	229 5390	4441
244	171 6547	5340	304	202 1727	4842	364	229 9831	4434
245	172 1887	5331	305	202 6569	4834	365	230 4265	4429
0,246	0,172 7218	5322	0,306	0,203 1403	4827	0,366	0,230 8694	4422
247	173 2540	5313	307	203 6230	4820	367	231 3116	4416
248	173 7853	5303	308	204 1050	4812	368	231 7532	4410
249	174 3156	5295	309	204 5862	4805	369	232 1942	4404
250	174 8451	5285	310	205 0667	4797	370	232 6346	4397
0,251	0,175 3736	5277	0,311	0,205 5464	4790	0,371	0,233 0743	4393
252	175 9013	5267	312	206 0254	4783	372	233 5135	4386
253	176 4280	5258	313	206 5037	4776	373	233 9521	4379
254	176 9538	5250	314	206 9813	4768	374	234 3900	4374
255	177 4788	5241	315	207 4581	4761	375	234 8274	4368
0,256	0,178 0029	5232	0,316	0,207 9342	4754	0,376	0,235 2642	4361
257	178 5261	5223	317	208 4096	4747	377	235 7003	4356
258	179 0484	5214	318	208 8843	4739	378	236 1359	4350
259	179 5698	5205	319	209 3582	4733	379	236 5709	4344
260	180 0903	5197	320	209 8315	4725	380	237 0053	4338
0,261	0,180 6100	5188	0,321	0,210 3040	4719	0,381	0,237 4391	4332
262	181 1288	5179	322	210 7759	4711	382	237 8723	4327
263	181 6467	5171	323	211 2470	4705	383	238 3050	4320
264	182 1638	5162	324	211 7175	4697	384	238 7370	4315
265	182 6800	5153	325	212 1872	4691	385	239 1685	4308
0,266	0,183 1953	5145	0,326	0,212 6563	4683	0,386	0,239 5993	4303
267	183 7098	5137	327	213 1245	4676	387	240 0296	4298
268	184 2235	5128	328	213 5921	4670	388	240 4594	4291
269	184 7363	5120	329	214 0591	4662	389	240 8885	4286
270	185 2483	5111	330	214 5253	4656	390	241 3171	4280
0,271	0,185 7594	5102	0,331	0,214 9909	4649	0,391	0,241 7451	4274
272	186 2696	5095	332	215 4558	4642	392	242 1725	4269
273	186 7791	5086	333	215 9200	4635	393	242 5994	4263
274	187 2877	5078	334	216 3835	4629	394	243 0257	4257
275	187 7955	5069	335	216 8464	4621	395	243 4514	4252
0,276	0,188 3024		0,336	0,217 3085		0,396	0,243 8766	

TABLE I (Table VIII d'Oppolzer, *suite et fin*).

h.	$\log y_1 y_3$.	Diff.	h.	$\log y_1 y_3$.	Diff.	h.	$\log y_1 y_3$.	Diff.
0,396	0,243 8766	4246	0,456	0,268 4111	3935	0,516	0,291 2209	3670
397	244 3012	4240	457	268 8046	3931	517	291 5879	3666
398	244 7252	4235	458	269 1977	3926	518	291 9545	3662
399	245 1487	4229	459	269 5903	3921	519	292 3207	3657
400	245 5716	4224	460	269 9824	3917	520	292 6864	3654
0,401	0,245 9940	4218	0,461	0,270 3741	3911	0,521	0,293 0518	3650
402	246 4158	4213	462	270 7652	3907	522	293 4168	3645
403	246 8371	4207	463	271 1559	3903	523	293 7813	3642
404	247 2578	4201	464	271 5462	3898	524	294 1455	3637
405	247 6779	4196	465	271 9360	3893	525	294 5092	3634
0,406	0,248 0975	4191	0,466	0,272 3253	3888	0,526	0,294 8726	3629
407	248 5166	4185	467	272 7141	3884	527	295 2355	3626
408	248 9351	4180	468	273 1025	3879	528	295 5981	3621
409	249 3531	4174	469	273 4904	3874	529	295 9602	3618
410	249 7705	4169	470	273 8778	3870	530	296 3220	3613
0,411	0,250 1874	4164	0,471	0,274 2648	3865	0,531	0,296 6833	3610
412	250 6038	4158	472	274 6513	3861	532	297 0443	3606
413	251 0196	4153	473	275 0374	3856	533	297 4049	3601
414	251 4349	4147	474	275 4230	3852	534	297 7650	3598
415	251 8496	4142	475	275 8082	3847	535	298 1248	3594
0,416	0,252 2638	4137	0,476	0,276 1929	3842	0,536	0,298 4842	3590
417	252 6775	4131	477	276 5771	3838	537	298 8432	3586
418	253 0906	4126	478	276 9609	3834	538	299 2018	3582
419	253 5032	4121	479	277 3443	3829	539	299 5600	3578
420	253 9153	4116	480	277 7272	3824	540	299 9178	3574
0,421	0,254 3269	4110	0,481	0,278 1096	3820	0,541	0,300 2752	3571
422	254 7379	4106	482	278 4916	3816	542	300 6323	3567
423	255 1485	4099	483	278 8732	3811	543	300 9890	3562
424	255 5584	4095	484	279 2543	3806	544	301 3452	3559
425	255 9679	4089	485	279 6349	3802	545	301 7011	3555
0,426	0,256 3768	4085	0,486	0,280 0151	3798	0,546	0,302 0566	3551
427	256 7853	4079	487	280 3949	3794	547	302 4117	3547
428	257 1932	4074	488	280 7743	3789	548	302 7664	3544
429	257 6006	4069	489	281 1532	3784	549	303 1208	3540
430	258 0075	4064	490	281 5316	3780	550	303 4748	3536
0,431	0,258 4139	4059	0,491	0,281 9096	3776	0,551	0,303 8284	3532
432	258 8198	4054	492	282 2872	3772	552	304 1816	3528
433	259 2252	4048	493	282 6644	3767	553	304 5344	3525
434	259 6300	4044	494	283 0411	3762	554	304 8869	3521
435	260 0344	4038	495	283 4173	3759	555	305 2390	3517
0,436	0,260 4382	4033	0,496	0,283 7932	3754	0,556	0,305 5907	3513
437	260 8415	4029	497	284 1686	3750	557	305 9420	3510
438	261 2444	4023	498	284 5436	3745	558	306 2930	3506
439	261 6467	4019	499	284 9181	3742	559	306 6436	3502
440	262 0486	4013	500	285 2923	3737	560	306 9938	3499
0,441	0,262 4499	4008	0,501	0,285 6660	3732	0,561	0,307 3437	3494
442	262 8507	4004	502	286 0392	3729	562	307 6931	3491
443	263 2511	3998	503	286 4121	3724	563	308 0422	3488
444	263 6509	3994	504	286 7845	3720	564	308 3910	3484
445	264 0503	3989	505	287 1565	3716	565	308 7394	3480
0,446	0,264 4492	3983	0,506	0,287 5281	3711	0,566	0,309 0874	3476
447	264 8475	3979	507	287 8992	3708	567	309 4350	3473
448	265 2454	3974	508	288 2700	3703	568	309 7823	3469
449	265 6428	3969	509	288 6403	3699	569	310 1292	3466
450	266 0397	3965	510	289 0102	3695	570	310 4758	3462
0,451	0,266 4362	3959	0,511	0,289 3797	3690	0,571	0,310 8220	3458
452	266 8321	3955	512	289 7487	3687	572	311 1678	3455
453	267 2276	3950	513	290 1174	3682	573	311 5133	3451
454	267 6226	3945	514	290 4856	3679	574	311 8584	3447
455	268 0171	3940	515	290 8535	3674	575	312 2031	3444
0,456	0,268 4111		0,516	0,291 2209		0,576	0,312 5475	

TABLE II (Table IX d'Oppolzer).

w.	$10^5.\xi$.	w.	$10^5.\xi$.	w.	$10^5.\xi$.	w.	$10^5.\xi$.	w.	$10^5.\xi$.
-0,300	43906	-0,240	28939	-0,180	16782	-0,120	7698	-0,060	1988
-0,299	43635	-0,239	28713	-0,179	16604	-0,119	7574	-0,059	1924
-0,298	43364	-0,238	28487	-0,178	16428	-0,118	7451	-0,058	1860
-0,297	43095	-0,237	28263	-0,177	16252	-0,117	7329	-0,057	1598
-0,296	42826	-0,236	28039	-0,176	16077	-0,116	7208	-0,056	1536
-0,295	42557	-0,235	27816	-0,175	15903	-0,115	7088	-0,055	1675
-0,294	42290	-0,234	27593	-0,174	15730	-0,114	6969	-0,054	1616
-0,293	42023	-0,233	27371	-0,173	15558	-0,113	6851	-0,053	1558
-0,292	41757	-0,232	27151	-0,172	15387	-0,112	6734	-0,052	1500
-0,291	41491	-0,231	26931	-0,171	15216	-0,111	6618	-0,051	1444
-0,290	41227	-0,230	26711	-0,170	15047	-0,110	6503	-0,050	1389
-0,289	40963	-0,229	26493	-0,169	14878	-0,109	6389	-0,049	1334
-0,288	40700	-0,228	26275	-0,168	14710	-0,108	6275	-0,048	1281
-0,287	40437	-0,227	26058	-0,167	14543	-0,107	6163	-0,047	1229
-0,286	40175	-0,226	25842	-0,166	14377	-0,106	6052	-0,046	1178
-0,285	39914	-0,225	25627	-0,165	14211	-0,105	5941	-0,045	1128
-0,284	39654	-0,224	25412	-0,164	14047	-0,104	5832	-0,044	1079
-0,283	39394	-0,223	25199	-0,163	13883	-0,103	5723	-0,043	1031
-0,282	39135	-0,222	24986	-0,162	13721	-0,102	5616	-0,042	984
-0,281	38877	-0,221	24774	-0,161	13559	-0,101	5509	-0,041	938
-0,280	38620	-0,220	24563	-0,160	13398	-0,100	5403	-0,040	894
-0,279	38363	-0,219	24352	-0,159	13238	-0,099	5299	-0,039	850
-0,278	38107	-0,218	24142	-0,158	13079	-0,098	5195	-0,038	807
-0,277	37852	-0,217	23933	-0,157	12921	-0,097	5092	-0,037	766
-0,276	37598	-0,216	23725	-0,156	12763	-0,096	4991	-0,036	726
-0,275	37344	-0,215	23518	-0,155	12607	-0,095	4890	-0,035	686
-0,274	37091	-0,214	23311	-0,154	12451	-0,094	4790	-0,034	648
-0,273	36839	-0,213	23106	-0,153	12296	-0,093	4691	-0,033	611
-0,272	36587	-0,212	22901	-0,152	12143	-0,092	4593	-0,032	575
-0,271	36337	-0,211	22697	-0,151	11990	-0,091	4496	-0,031	539
-0,270	36087	-0,210	22494	-0,150	11838	-0,090	4401	-0,030	506
-0,269	35838	-0,209	22291	-0,149	11686	-0,089	4306	-0,029	473
-0,268	35589	-0,208	22090	-0,148	11536	-0,088	4212	-0,028	441
-0,267	35341	-0,207	21889	-0,147	11387	-0,087	4119	-0,027	410
-0,266	35094	-0,206	21689	-0,146	11238	-0,086	4027	-0,026	381
-0,265	34848	-0,205	21490	-0,145	11091	-0,085	3936	-0,025	352
-0,264	34603	-0,204	21292	-0,144	10944	-0,084	3846	-0,024	325
-0,263	34358	-0,203	21094	-0,143	10798	-0,083	3757	-0,023	298
-0,262	34114	-0,202	20897	-0,142	10653	-0,082	3669	-0,022	273
-0,261	33871	-0,201	20702	-0,141	10509	-0,081	3582	-0,021	249
-0,260	33628	-0,200	20507	-0,140	10366	-0,080	3496	-0,020	226
-0,259	33387	-0,199	20313	-0,139	10224	-0,079	3411	-0,019	204
-0,258	33146	-0,198	20119	-0,138	10083	-0,078	3327	-0,018	183
-0,257	32905	-0,197	19926	-0,137	9943	-0,077	3244	-0,017	164
-0,256	32666	-0,196	19735	-0,136	9803	-0,076	3162	-0,016	145
-0,255	32427	-0,195	19544	-0,135	9665	-0,075	3081	-0,015	127
-0,254	32189	-0,194	19354	-0,134	9527	-0,074	3001	-0,014	111
-0,253	31951	-0,193	19165	-0,133	9390	-0,073	2922	-0,013	96
-0,252	31716	-0,192	18976	-0,132	9255	-0,072	2844	-0,012	82
-0,251	31480	-0,191	18789	-0,131	9120	-0,071	2767	-0,011	69
-0,250	31245	-0,190	18602	-0,130	8986	-0,070	2691	-0,010	57
-0,249	31011	-0,189	18416	-0,129	8853	-0,069	2617	-0,009	46
-0,248	30778	-0,188	18231	-0,128	8721	-0,068	2543	-0,008	36
-0,247	30545	-0,187	18047	-0,127	8590	-0,067	2470	-0,007	28
-0,246	30314	-0,186	17864	-0,126	8459	-0,066	2398	-0,006	20
-0,245	30083	-0,185	17681	-0,125	8330	-0,065	2327	-0,005	14
-0,244	29852	-0,184	17500	-0,124	8202	-0,064	2257	-0,004	9
-0,243	29623	-0,183	17319	-0,123	8074	-0,063	2189	-0,003	5
-0,242	29394	-0,182	17139	-0,122	7948	-0,062	2121	-0,002	2
-0,241	29166	-0,181	16960	-0,121	7822	-0,061	2054	-0,001	1
-0,240	28939	-0,180	16782	-0,120	7698	-0,060	1988	0,000	0

TABLE II (**Table IX d'Oppolzer**, *suite et fin*).

w.	$10^5.\xi$.	w.	$10^5.\xi$.	w.	$10^5.\xi$.	w.	$10^5.\xi$.	w.	$10^5.\xi$.
0,000	0	0,060	2131	0,120	8845	0,180	20685	0,240	38289
0,001	1	0,061	2204	0,121	8999	0,181	20929	0,241	38635
0,002	2	0,062	2278	0,122	9154	0,182	21175	0,242	38983
0,003	5	0,063	2354	0,123	9311	0,183	21422	0,243	39333
0,004	9	0,064	2431	0,124	9469	0,184	21671	0,244	39685
0,005	14	0,065	2509	0,125	9628	0,185	21922	0,245	40039
0,006	21	0,066	2588	0,126	9789	0,186	22174	0,246	40394
0,007	28	0,067	2669	0,127	9951	0,187	22428	0,247	40752
0,100	37	0,068	2751	0,128	10115	0,188	22684	0,248	41111
0,009	47	0,069	2834	0,129	10280	0,189	22941	0,249	41472
0,010	57	0,070	2918	0,130	10447	0,190	23199	0,250	41835
0,011	70	0,071	3004	0,131	10615	0,191	23460	0,251	42199
0,012	83	0,072	3091	0,132	10784	0,192	23722	0,252	42566
0,013	97	0,073	3180	0,133	10955	0,193	23985	0,253	42934
0,014	113	0,074	3269	0,134	11128	0,194	24251	0,254	43305
0,015	130	0,075	3361	0,135	11301	0,195	24518	0,255	43677
0,016	148	0,076	3453	0,136	11477	0,196	24786	0,256	44051
0,017	167	0,077	3546	0,137	11654	0,197	25056	0,257	44427
0,018	187	0,078	3641	0,138	11832	0,198	25328	0,258	44804
0,019	209	0,079	3738	0,139	12012	0,199	25602	0,259	45184
0,020	231	0,080	3835	0,140	12193	0,200	25877	0,260	45566
0,021	255	0,081	3934	0,141	12376	0,201	26154	0,261	45949
0,022	280	0,082	4034	0,142	12560	0,202	26433	0,262	46334
0,023	306	0,083	4136	0,143	12745	0,203	26713	0,263	46721
0,024	334	0,084	4239	0,144	12933	0,204	26995	0,264	47111
0,025	362	0,085	4343	0,145	13121	0,205	27278	0,265	47502
0,026	392	0,086	4448	0,146	13311	0,206	27564	0,266	47894
0,027	423	0,087	4554	0,147	13503	0,207	27851	0,267	48289
0,028	455	0,088	4663	0,148	13696	0,208	28139	0,268	48686
0,029	489	0,089	4773	0,149	13891	0,209	28429	0,269	49085
0,030	523	0,090	4884	0,150	14087	0,210	28722	0,270	49485
0,031	559	0,091	4996	0,151	14285	0,211	29015	0,271	49888
0,032	596	0,092	5109	0,152	14484	0,212	29311	0,272	50292
0,033	634	0,093	5224	0,153	14684	0,213	29608	0,273	50699
0,034	674	0,094	5341	0,154	14886	0,214	29907	0,274	51107
0,035	714	0,095	5458	0,155	15090	0,215	30207	0,275	51517
0,036	756	0,096	5577	0,156	15295	0,216	30509	0,276	51930
0,037	799	0,097	5697	0,157	15502	0,217	30814	0,277	52344
0,038	844	0,098	5819	0,158	15710	0,218	31119	0,278	52760
0,039	889	0,099	5941	0,159	15920	0,219	31427	0,279	53178
0,040	936	0,100	6066	0,160	16131	0,220	31736	0,280	53598
0,041	984	0,101	6192	0,161	16344	0,221	32047	0,281	54020
0,042	1033	0,102	6319	0,162	16559	0,222	32359	0,282	54444
0,043	1084	0,103	6448	0,163	16775	0,223	32674	0,283	54870
0,044	1135	0,104	6578	0,164	16992	0,224	32990	0,284	55298
0,045	1188	0,105	6709	0,165	17211	0,225	33308	0,285	55728
0,046	1241	0,106	6842	0,166	17432	0,226	33627	0,286	56160
0,047	1298	0,107	6976	0,167	17654	0,227	33949	0,287	56594
0,048	1354	0,108	7111	0,168	17878	0,228	34272	0,288	57030
0,049	1412	0,109	7248	0,169	18103	0,229	34597	0,289	57468
0,050	1471	0,110	7386	0,170	18330	0,230	34924	0,290	57908
0,051	1532	0,111	7526	0,171	18558	0,231	35252	0,291	58350
0,052	1593	0,112	7667	0,172	18788	0,232	35582	0,292	58795
0,053	1656	0,113	7809	0,173	19020	0,233	35914	0,293	59241
0,054	1720	0,114	7953	0,174	19253	0,234	36248	0,294	59689
0,055	1785	0,115	8098	0,175	19487	0,235	36584	0,295	60139
0,056	1852	0,116	8245	0,176	19724	0,236	36921	0,296	60591
0,057	1920	0,117	8393	0,177	19961	0,237	37260	0,297	61045
0,058	1989	0,118	8542	0,178	20201	0,238	37601	0,298	61502
0,059	2060	0,119	8693	0,179	20442	0,239	37944	0,299	61960
0,060	2131	0,120	8845	0,180	20685	0,240	38289	0,300	62421

TABLE DES MATIÈRES.

FIN.

25983 Paris. - Imprimerie GAUTHIER-VILLARS, quai des Grands-Augustins, 55.

www.ingramcontent.com/pod-product-compliance
Ingram Content Group UK Ltd.
Pitfield, Milton Keynes, MK11 3LW, UK
UKHW020314180726
13839UKWH00001B/463

9 782329 594378